W0349308

**Lukas Tobl**

# Die Kraft der Emotionen

Rediroma-Verlag

Bibliografische Information der Deutschen Nationalbibliothek:
Die Deutsche Nationalbibliothek verzeichnet diese Publikation in der Deutschen Nationalbibliografie; detaillierte bibliografische Daten sind im Internet über http://portal.dnb.de abrufbar.

ISBN 978-3-98885-000-3

Copyright (2023) Rediroma-Verlag

Alle Rechte beim Autor

www.rediroma-verlag.de
19,90 Euro (D)

*Dieses Buch widme ich Alma, der tiefsinnigen Powerfrau an meiner Seite.*

# Inhaltsverzeichnis


TEIL 1

Einleitung 17

**1. Der Umgang mit Emotionen - Unterdrücken, Ausdrücken, Umwandeln** 24

a. Die gefährliche Kunst des Emotionsunterdrückens 25

b. Wenn Emotionen explodieren - ein Feuerwerk der Konsequenzen 30

c. Die Kunst des Umwandelns - der Schlüssel zum rundum Erfolg 34

**2. Innere Meisterin: Die Kunst der Selbstregulation** 37

a. Einführung in das Thema der Selbstregulation bei weiblichen Führungskräften 38

b. Bedeutung der Selbstregulation für beruflichen Erfolg und Wohlbefinden 39

**3. Faktor 1: Stress als Herausforderung für die Selbstregulation** 43

a. Erklärung des Zusammenhangs zwischen Stress und Selbstregulation 44

b. Herausforderungen, mit Stress umzugehen und die Auswirkungen auf die Selbstregulation 45

c. Strategien zur Stressbewältigung und Förderung der Selbstregulation 47

# Inhaltsverzeichnis


**4. Faktor 2: Emotionale Belastung und ihre Auswirkungen auf die Selbstregulation** 51

a. Zusammenhang zwischen emotionaler Belastung und Selbstregulation 52

b. Herausforderungen bei der Emotionsregulation und deren Einfluss auf die Selbstregulation 54

c. Techniken zur Förderung der Emotionsregulation und Stärkung der Selbstregulation 56

**5. Faktor 3: Ablenkungen und Reizüberflutung als Hindernisse für die Selbstregulation** 59

a. Einfluss von Ablenkungen und Reizüberflutung auf die Konzentration und Selbstregulation 60

b. Identifizierung von häufigen Ablenkungen im beruflichen Umfeld 62

c. Tipps zur Reduzierung von Ablenkungen und Förderung der Selbstregulation 66

**6. Faktor 4: Müdigkeit und Erschöpfung als Belastungen für die Selbstregulation** 71

a. Auswirkungen von Müdigkeit und Erschöpfung auf die Selbstregulation 72

b. Bedeutung von Ruhe und Erholung für die Stärkung der Selbstregulation 74

c. Empfehlungen zur Verbesserung des Schlafs und der Energiebilanz 77

# Inhaltsverzeichnis

**7. Faktor 5: Das Paradigma: der unsichtbare Rahmen, der deine Handlungen bestimmt** 83

a. Wie das Paradigma die Selbstregulation beeinflusst 84

b. Die unsichtbare Brille absetzen: Das Bewusstsein für dein Paradigma entwickeln 90

c. Neue Horizonte entdecken: Effektive Wege, um das Paradigma zu überwinden 92

**8. Selbstregulation im beruflichen Alltag** 95

a. Selbstregulation in Meetings und bei schwierigen Gesprächen 96

b. Umgang mit Stress und Druck 98

c. Konfliktmanagement und emotionale Resilienz 100

**9. Selbstregulation bei der Kommunikation und in zwischenmenschlichen Beziehungen** 104

a. Emotionale Intelligenz: Die geheime Sprache der Gefühle 105

b. Konstruktives Feedback geben und annehmen: Der Schlüssel zum persönlichen Wachstum 109

c. Führungskompetenz und Mitarbeitermotivation: Ein Tanz auf der Erfolgswelle 113

# Inhaltsverzeichnis


**10. Selbstregulation bei der Entscheidungsfindung und beim strategischen Denken** 118

a. Emotionale Klarheit und Objektivität 119

b. Zeitnutzung und Priorisierung 122

c. Die Magie der Illusion: Wie optische Täuschungen deine Emotionsregulation transformieren 127

**11. Selbstregulation für starkes Selbstvertrauen** 133

a. Die Bedeutung von Selbstvertrauen für weibliche Führungskräfte 134

b. Herausforderungen und Hürden beim Aufbau von Selbstvertrauen 140

c. Schritte zur Stärkung des Selbstvertrauens 146

**12. Meistere deine Emotionen und erblühe zu neuer Stärke!** 151

a. Bedeutung der Selbstregulation für den beruflichen Erfolg und persönliches Wohlbefinden 152

b. Zusammenfassung der wichtigsten Erkenntnisse zu Selbstregulation 154

c. Kraftvolle Gedanken und Motivation zur Stärkung der Selbstregulation 156

# Inhaltsverzeichnis


TEIL 2

**13. Der meisterhafte Umgang mit schwierigen Emotionen** 160

a. Übung 1: Emotionsdetektivin - Wie du deine Emotionen erkennst und verstehst 161

b. Übung 2: Emotionsachterbahn - Wie du mit starken Emotionen umgehst und sie in positive Energie umwandelst 165

c. Expertentipp: Die Geheimnisse der Emotionsregulation von erfolgreichen Führungskräften 175

**14. Gelassen und konzentriert trotz beruflichen Turbulenzen** 178

a. Übung 3: Der Power-Reset - Wie du dich in stressigen Situationen schnell beruhigst und fokussiert bleibst 179

b. Übung 4: Der Konzentrationstrick - Wie du Ablenkungen minimierst und deine Produktivität steigerst 182

c. Expertentipp: Selbstregulation als Schlüssel zum Erfolg - Praxisbeispiele erfolgreicher Frauen 184

# Inhaltsverzeichnis


**15. Transformative Führung: Souverän die Team-dynamik und Mitarbeitermotivation steuern** 189

a. Übung 5: Die empathische Superheldin - Wie du deine emotionale Intelligenz stärkst und effektive Kommunikation förderst 190

b. Übung 6: Der Konflikt-Ninja - Wie du Konflikte konstruktiv löst und harmonische Beziehungen aufbaust 195

c. Expertentipp: Führungskompetenz und Mitarbeitermotivation - Wie du mit Selbst-regulation dein Team inspirierst 208

**16. Erfolgreiches Denken und Handeln in der Arbeitswelt** 215

a. Übung 7: Die klare Visionärin - Wie du emotionale Klarheit und Objektivität in Entscheidungs-prozessen erreichst 216

b. Übung 8: Die Zeitmagierin - Wie du Prioritäten setzt und deine Zeitnutzung optimierst 219

c. Expertentipp: Enthülle die Magie der Illusion für langfristigen beruflichen Erfolg durch strategisches Denken 223

# Inhaltsverzeichnis


**17. Unerschütterliches Selbstvertrauen: Aufbau und Festigung für wahre Stärke** 231

a. Übung 9: Der Spiegel der Stärken 232

b. Übung 10: Das „Selfie des Selbstvertrauens“ 235

c. Übung 11: „Der Gefühls-Surfing-Parcours” 240

d. Expertentipp: Das ultimative Geheimnis von Menschen mit großem Selbstvertrauen 243

**18. Inspirierende Beispiele von Frauen, die ihre Selbstregulation gemeistert haben** 246

a. Von der Selbstregulations-Heldin zur Erfolgs-inspiration 247

b. Übung 12: Schlüsselerkenntnisse aktivieren: Deinen persönlichen Erfolgsplan gestalten 251

**19. Dein Weg zur ultimativen Emotionsmeisterin** 255

a. Die wichtigsten Erkenntnisse und Übungen für deine Emotionsmeisterin-Reise 256

b. Nutze dein erlerntes Wissen und werde zur besten Version deiner selbst 258

c. Klarheit gewinnen und den nächsten Level erreichen: Einladung zum Klarheitsgespräch 260

**20. Die Schatztruhe des Erfolgs: 45 heiße Tipps für weibliche Führungskräfte, die den Unterschied machen** 263

Über den Autor 275

# TEIL I

# Einleitung

Auf der Geschäftsleitungsebene ist es trotz zunehmender Erkenntnisse und neuer Tendenzen, die das Gegenteil beweisen, immer noch häufig so, dass eine unsichtbare Schildmauer besteht, die besagt: „Emotionen unerwünscht!“ Doch wer sagt denn, dass eine Frau in Führungspositionen nicht emotional sein darf? Oft hören wir die Bedenken und Vorurteile: „Frauen sind zu emotional für Führungsaufgaben“ oder „Emotionen haben in der Geschäftswelt keinen Platz“. Doch hier kommt die Wahrheit ans Licht - Emotionen sind kein Makel, sondern eine unschätzbare Stärke!

Schau dich um - die erfolgreichsten Unternehmen werden von Führungskräften geleitet, die ihre Emotionen meisterhaft einsetzen. Diese Leader haben gezeigt, dass Emotionen ein kraftvolles Werkzeug sind, um Menschen zu inspirieren, Teams zu motivieren und Visionen in die Realität umzusetzen.

Willkommen zu diesem faszinierenden Buch, das sich speziell an weibliche Führungskräfte richtet und die erstaunliche Kraft der Emotionen in den Mittelpunkt stellt. Hier erfährst du, warum emotionale Selbstregulation der Schlüssel zum Erfolg für Frauen in Führungspositionen ist und wie du diese Fähigkeit für deine persönliche und berufliche Entwicklung nutzen kannst.

Heutzutage braucht es nicht nur intelligente Führungskräfte, sondern emotional intelligente Powerfrauen. Studien zeigen immer wieder, dass emotionale Intelligenz (EI) ein echter Game-Changer ist, wenn es darum geht, in der Arbeitswelt erfolgreich zu sein (und nebenbei bemerkt, auch im Privatleben). Emotionale Intelligenz ist der Schlüssel, um die Wogen der Herausforderungen zu glätten und mit Empathie, Gelassenheit und Überzeugungskraft voranzuschreiten.

Stell dir vor, du könntest nicht nur mit deinem fachlichen Know-how glänzen, sondern auch mit deiner Fähigkeit, deine Emotionen zu meistern und sie in produktive Bahnen zu lenken. Das wäre doch der Hammer, oder?

Aber das ist noch nicht alles! EI hat auch einen starken Einfluss auf deine Führungsqualitäten. Transformationale Führung, charismatische Führung, authentische Führung - alles wird durch deine emotionale Intelligenz auf ein ganz neues Level gehoben. Du kannst nicht nur brillante Entscheidungen treffen, sondern auch deine Mitarbeiterinnen und Mitarbeiter zu Höchstleistungen motivieren.

Und das Beste daran? Die emotionale Intelligenz lässt sich entwickeln. Du kannst deine Selbstregulierungsfähigkeiten stärken und deine emotionale Intelligenz auf die nächste Stufe bringen. Klingt doch nach einem spannenden Abenteuer, oder? Eine Art Superheldinnen-Training für die Welt der Führung.

Mach dich bereit, in diesem Buch die Geheimnisse der emotionalen Selbstregulierung zu entdecken. Lass uns gemeinsam lernen, wie du deine Emotionen meisterst, dein Führungspotenzial voll ausschöpfst und deine Welt mit deinem emotionalen Charme eroberst. Das wird ein wilder Ritt, versprochen. Aber Moment mal, lass mich klarstellen - dieses Buch ist keine dröge wissenschaftliche Abhandlung, bei der du dich durch endlose Fußnoten und Fachjargon kämpfen musst. Nein, nein, hier geht es um Spaß, Leichtigkeit und Praxisnähe statt trockene Theorien. Wir tauschen den Wissenschaftskittel gegen einen Superheldinnen-Cape aus und werden gemeinsam auf eine aufregende Entdeckungsreise gehen.

Stell dir vor, du hättest einen Schlüssel in der Hand, der dir hilft, deine Emotionen zu meistern und dich zu einer unschlagbaren Führungskraft macht. Klingt fantastisch, oder? Und genau das ist es! In diesem Buch findest praxisnahe Power-Tipps, die du direkt anwenden kannst. Dabei spielt auch die Neugierde eine wichtige Rolle.

Nehmen wir an, du befindest dich inmitten eines riesigen Labyrinths, ohne Ausweg in Sicht. Jeder Weg sieht gleich aus und du hast keine Ahnung, welcher dich zur Freiheit führt. Die Frustration steigt, die Verzweiflung nimmt zu. Doch plötzlich entdeckst du einen kleinen Hinweis, der deine Neugier weckt. Ein geheimnisvolles Symbol an der Wand lässt dich innehalten. Dein Verstand beginnt zu rattern und du spürst einen Funken von Aufregung in dir aufkeimen. Was verbirgt sich hinter diesem Symbol? Welche Bedeutung hat es?

Die Neugierde, liebe Leserin, ist wie ein magischer Schlüssel, der dir Zugang zur Selbstregulierung verschafft. Sie beflügelt deinen Geist, weckt deine Aufmerksamkeit und entfacht den unbändigen Drang nach Wissen und Verständnis. Aber warum ist Neugierde so wichtig für die Selbstregulierung?

Erstens eröffnet dir die Neugierde neue Perspektiven. Sie lässt dich über den Tellerrand hinausblicken und ermutigt dich, Fragen zu stellen. Wenn du dich neugierig fragst, warum du auf bestimmte Weise handelst oder welche tieferen Gründe hinter deinen Emotionen stecken, öffnest du die Tür zu einem besseren Verständnis deiner Selbst. Du erkundest neue Wege der Selbstreflexion und findest den Schlüssel, um deine Emotionen bewusst zu steuern.

Zweitens bringt dich die Neugierde in Bewegung. Sie ist wie ein treuer Begleiter auf deiner Reise zur Selbstregulierung. Anstatt in der Komfortzone zu verharren, drängt dich die Neugierde dazu, dich Herausforderungen zu stellen und neue Fähigkeiten zu erlernen. Wenn du neugierig bist, probierst du verschiedene Strategien und Übungen aus, um deine Emotionen zu regulieren. Du wagst dich auf unbekanntes Terrain und erweiterst kontinuierlich dein Repertoire an Selbstregulationswerkzeugen.

Drittens fördert die Neugierde das positive Denken. Wenn du neugierig bist, betrachtest du Rückschläge und Hindernisse als Lernchancen. Du gehst mit einer offenen Einstellung an Situationen heran und suchst nach neuen Lösungen. Anstatt dich von Frustration überwältigen zu lassen, erweckt die Neugierde in dir den Glauben an deine Fähigkeiten, die Dinge zum Besseren zu verändern. Sie lässt dich neugierig fragen: „Was kann ich aus dieser Situation lernen?“ und „Wie kann ich mein Selbstregulierungspotenzial weiterentwickeln?”

Stell dir vor, wie es wäre, wenn du deine Emotionen besser verstehst und beherrschst. Wie würde sich dein Leben verändern, wenn du in der Lage wärst, stressige Situationen gelassen zu meistern, harmonische Beziehungen aufzubauen und deine Ziele mit Leichtigkeit zu verfolgen? Diese Möglichkeiten liegen in deiner Reichweite und die Neugierde ist der Schlüssel, um sie zu entdecken.

Wie würde es sich anfühlen, wenn du dein volles Potenzial der Selbstregulierung entfesseln kannst? Spüre den Funken der Aufregung und den Durst nach Wissen, der in dir aufsteigt. Du bist bereit, dich auf diese spannende Entdeckungsreise zu begeben und neue Wege der Selbstregulierung zu erkunden.

Im Laufe dieses Buchs wirst du mit verschiedenen Übungen und Techniken vertraut gemacht. Du wirst herausgefordert, dich selbst zu erforschen, neue Perspektiven einzunehmen und deine Emotionen bewusst zu erleben. Jedes Kapitel enthüllt einzigartige Erkenntnisse und inspirierende Beispiele, die dich dazu ermutigen werden, noch tiefer in dich selbst einzutauchen und dich weiterzuentwickeln.

Sei bereit, dich neugierig auf diese Reise einzulassen.

Sei mutig und offen für neue Erfahrungen. Stelle Fragen, erforsche, experimentiere und lerne aus jedem Kapitel. Deine Neugierde wird dir helfen, das Beste aus diesem Buch herauszuholen und deine Selbstregulierungskräfte zu entfesseln.

Also, lass uns gemeinsam in dieses Abenteuer eintauchen. Aber sei gewarnt - du könntest dich dabei ertappen, wie du mit einem breiten Grinsen im Gesicht durch die Seiten fliegst. Dieses Buch ist wie ein charmantes Lächeln, das dich ansteckt und dich dazu bringt, deine innere Emotionsmeisterin zu befreien.

Bist du bereit, die Welt der emotionalen Selbstregulierung mit einem Augenzwinkern zu erobern? Lass uns zusammen diesen wunderbaren Weg beschreiten.

Kapitel 1

# Der Umgang mit Emotionen – Unterdrücken, Ausdrücken, Umwandeln

## Die gefährliche Kunst des Emotionsunterdrückens

Emotionen sind wie die wilde Achterbahnfahrt des Lebens - mal machen sie uns sprachlos vor Freude, mal treiben sie uns in den Wahnsinn. Als weibliche Führungskraft kennst du das nur allzu gut, nicht wahr? Doch wie gehst du mit diesen turbulenten Gefühlen um?

Kommen wir zum ersten Ansatz: **das Unterdrücken von Emotionen**. Es ist eine Tatsache, dass viele Menschen unerwünschte Gefühle unterdrücken oder von sich abspalten, um ihnen nicht begegnen zu müssen. Doch indem du dies tust, erschaffst du eine Kluft zwischen dir und deinen Gefühlen. Es entsteht der Eindruck, dass Gefühle unabhängig von dir existieren und bekämpft werden müssen. In Wirklichkeit kämpfst du jedoch nicht direkt gegen deine Gefühle an, sondern gegen Situationen und Menschen.

Durch das Unterdrücken oder Abtrennen von unerwünschten Gefühlen projizierst du sie auf deine Mitmenschen und deine Umwelt. Diese spiegeln dann diese Gefühle in ihrem Verhalten und den Umständen wider. Beispielsweise kannst du abgespaltene Wut in anderen sehen oder erleben, obwohl du nicht automatisch genauso aggressiv handeln musst.

Nehmen wir an, du bist als weibliche Führungskraft sehr harmoniebedürftig und gehst Konflikten am liebsten aus dem Weg. Du bevorzugst einen friedlichen und kooperativen Arbeitsstil und versuchst, ein harmonisches Arbeitsumfeld zu schaffen. In letzter Zeit bist du jedoch immer wieder mit Menschen konfrontiert, die sich aggressiv und konfrontativ verhalten. Du fühlst dich angegriffen und fragst dich, warum diese Mitmenschen dich ständig attackieren, obwohl du dich stets friedlich verhältst.

Was du jedoch möglicherweise nicht erkennst, ist, dass du deine eigene Wut und dein Konfliktpotenzial unterdrückst. Du versuchst, Konflikte um jeden Preis zu vermeiden und deine eigenen Bedürfnisse und Grenzen hintenanzustellen. Dies führt dazu, dass du unbewusst eine Dynamik schaffst, in der andere Menschen ihre Aggression und Frustration auf dich projizieren. Indem du deine eigene Wut nicht erkennst und unterdrückst, ziehst du unbewusst Menschen an, die ihre eigenen aggressiven Tendenzen in dir spiegeln.

Oder abgespaltene Unsicherheit verleitet dich dazu, andere Menschen oder ihr Verhalten zu kontrollieren oder sie „retten" zu wollen, da du glaubst, dass sie sich selbst im Weg stehen. Es ist wichtig zu erkennen, dass diese Kontroll- und Rettungsversuche oft auf unbewussten eigenen Unsicherheiten basieren und nicht auf einer objektiven Einschätzung des anderen Menschen.

Stell dir vor, du hast eine Mitarbeiterin namens Anna. Du spürst, dass sie in letzter Zeit unsicher und zögerlich ist. Du interpretierst ihr Verhalten als Zeichen dafür, dass sie nicht genug Selbstvertrauen hat und dass sie sich selbst im Weg steht. Du fühlst dich von ihrer Unsicherheit herausgefordert und fängst an, ihre Aufgaben zu kontrollieren und zu übernehmen, um sicherzustellen, dass alles reibungslos läuft. Du denkst, dass du sie vor Fehlern bewahrst und sie auf den richtigen Weg bringst.

Was du jedoch nicht erkennst, ist, dass deine Reaktion auf Annas Unsicherheit tatsächlich auf deine eigene abgespaltene Unsicherheit zurückzuführen ist. Indem du ihre Unsicherheit als Bedrohung für dich wahrnimmst, versuchst du, deine eigenen Unsicherheiten zu kompensieren und ein Gefühl der Kontrolle zu erlangen. Du projizierst deine abgespaltene Unsicherheit auf Anna und übernimmst unbewusst die Rolle der Retterin, die sie vor ihrem vermeintlichen Scheitern bewahrt.

Wenn du dich jedoch bewusst mit deiner eigenen Unsicherheit auseinandersetzt und sie integrierst, erkennst du, dass Annas Unsicherheit nicht deine Verantwortung ist und dass sie ihre eigenen Herausforderungen meistern kann. Du lässt ihr den Raum, ihre eigenen Erfahrungen zu machen und daraus zu wachsen. Du förderst ihre Selbstständigkeit und ermutigst sie, Verantwortung für ihre eigenen Aufgaben zu übernehmen. Dadurch entsteht eine Atmosphäre des Vertrauens und der Eigenverantwortung, in der sowohl du als auch Anna ihr volles Potenzial entfalten können.

Abgespaltene Unsicherheit kann sich auch dadurch äußern, dass du dich von anderen Menschen bedroht fühlst, weil du glaubst, dass sie es auf dich abgesehen haben. Angenommen, du leitest ein Team von engagierten Mitarbeitern. Du hast jedoch das Gefühl, dass dich bestimmte Teammitglieder absichtlich sabotieren oder gegen dich arbeiten. Du fühlst dich bedroht und bist ständig auf der Hut, um potenzielle Angriffe abzuwehren.

Worüber du dir möglicherweise nicht im Klaren bist, ist, dass diese Wahrnehmung von Bedrohung mit deiner abgespaltenen Unsicherheit zusammenhängt. Tief im Inneren zweifelst du an deinen eigenen Fähigkeiten und fürchtest, dass andere dies ebenfalls erkennen könnten. Diese Unsicherheit projizierst du auf deine Mitarbeiter oder Vorgesetzte und interpretierst ihr Verhalten als feindlich und absichtlich gegen dich gerichtet.

Ein Beispiel dafür könnte sein, dass du während einer Teambesprechung eine Idee vorstellst und von einem Teammitglied kritisiert wirst. Anstatt dies als konstruktives Feedback oder eine unterschiedliche Meinung zu betrachten, fühlst du dich sofort bedroht und denkst, dass jemand versucht, dich zu diskreditieren. Deine Unsicherheit verstärkt sich und du entwickelst eine Abwehrhaltung gegenüber diesem Teammitglied, was zu einer negativen Arbeitsdynamik und zu noch mehr Unsicherheit führen kann.

Indem du dich jedoch bewusst mit deiner abgespaltenen Unsicherheit auseinandersetzt, kannst du diese Dynamik verändern. Du erkennst, dass deine Mitarbeiter nicht gegen dich sind, sondern dass sie ihre eigenen Perspektiven und Ideen einbringen. Du lernst, deine Unsicherheit anzuerkennen und an dir selbst zu arbeiten, anstatt sie auf andere zu projizieren.

Unterdrückte Emotionen sind wie unsichtbare Ketten, die dich gefangenhalten. Du trägst ein ständiges Gefühl der Bedrohung mit dir herum, aber anstatt es anzusprechen und zu bearbeiten, drückst du es tief in dir hinunter. Du lächelst, als wärst du unerschütterlich, aber innerlich bröckelt es. Du fühlst dich wie gelähmt und dadurch gehindert, mutige Entscheidungen zu treffen. Du zweifelst an deinen Fähigkeiten und bist immer auf der Suche nach Bestätigung von anderen. Die Angst, Fehler zu machen oder zu versagen, bremst dich aus und hindert dich daran, dein volles Potenzial zu entfalten.

Aber das ist noch nicht alles, liebe Führungskraft. Die Auswirkungen von Emotionsunterdrückung reichen weit über die berufliche Ebene hinaus. Dein persönliches Leben leidet darunter, denn du ziehst dich zurück, um deine Unsicherheiten zu verbergen. Du lässt keine Nähe zu, aus Angst, verletzt zu werden. Du isolierst dich und fühlst dich zunehmend einsam. Die Folgen dringen in die Tiefen deiner zwischenmenschlichen Beziehungen ein und hinterlassen Spuren der Distanz und Unverbundenheit. Du magst nach außen hin strahlend wirken, aber innerlich wirst du von Schuldgefühlen, Scham, Frust und Selbstzweifeln geplagt und das spürt dein Team.

Unterdrückte Emotionen sind wie eine tickende Zeitbombe, die in deinem Inneren lauert. Sie mögen für eine Weile ruhig bleiben, aber früher oder später explodieren sie mit gewaltiger Wucht – und dies oft in Gegenwart von Menschen, die dir nahestehen.

Auch die Auswirkungen auf deine Leistungsfähigkeit und Gesundheit sind alles andere als glamourös. Dein Körper ist ein Meister darin, dir subtile Signale zu senden. Aber wenn du deine Emotionen unterdrückst, verschließt du die Ohren vor diesen wichtigen Botschaften. Die Konsequenzen sind vielfältig und können sich in körperlichen Beschwerden wie Kopfschmerzen, Magenproblemen, Verspannungen oder weitaus gravierenden Beschwerden manifestieren. Dein Geist wird von einer dichten Nebelwand der Unklarheit umhüllt, und deine Fähigkeit, kluge Entscheidungen zu treffen und effektiv zu führen, wird beeinträchtigt wie ein Segelschiff, das in stürmischer See ohne Kompass treibt.

## Wenn Emotionen explodieren – ein Feuerwerk der Konsequenzen

Nun lassen wir den Vorhang aufgehen für den zweiten Ansatz: **das Ausdrücken von Emotionen**. Stell dir vor, du stehst in einem Meeting und plötzlich überkommt dich eine Welle der Frustration. Du wirfst den Stift in die Luft, schreist deine Meinung heraus und bringst den Konferenztisch zum Erzittern. Ja, du hast deine Emotionen ausgedrückt, aber zu welchem Preis? Das Ausdrücken von Emotionen ohne Kontrolle ist wie eine verrückte Fahrt ohne Lenkrad - es mag aufregend sein, aber es endet oft in Chaos und Entfremdung. Die Auswirkungen von ungezügelten Emotionen können verheerend sein. Selbst wenn Emotionen in einer weniger offensichtlichen oder intensiven Weise ausgedrückt werden, ihre Wucht kann dennoch erheblich sein.

Stell dir vor, du bist auf einer wichtigen Konferenz, umgeben von Kollegen, Vorgesetzten und potenziellen Geschäftspartnern. Plötzlich fängt eine hitzige Diskussion an, bei der die Meinungen aufeinanderprallen wie zwei wildgewordene Sumo-Ringer. Du spürst, wie sich die Wut in dir aufstaut, als ob ein Vulkan kurz vor dem Ausbruch steht. Du hältst dich zwar äußerlich zusammen, aber innerlich brodelt es wie ein Topf voller heißer Lava.

Und dann passiert es: Ein kleiner Funke reicht aus, um das Feuerwerk der Emotionen zu entfachen. Du lässt alle Zurückhaltung fallen und platzierst eine Bemerkung, die so scharf ist, dass sie wie ein glühender Pfeil durch die Luft saust und direkt ins Herz deines Gegenübers trifft. Die Stille danach ist ohrenbetäubend und du spürst, wie sich Scham und Reue in dir ausbreiten wie ein unangenehmer Ausschlag.

Die Folgen sind vernichtend und hinterlassen eine Spur der Verwüstung. Du hast nicht nur eine potenzielle Geschäftsbeziehung ruiniert, sondern auch dein eigenes Image beschädigt. Deine Kollegen sehen dich plötzlich mit anderen Augen – als jemanden, der die Kontrolle über sich selbst verloren hat. Und während du versuchst, den Schaden zu begrenzen, ziehen sich Selbstzweifel wie hartnäckige Kletten an dir fest.

Du siehst, liebe Führungskraft, dass die Konsequenzen ungezügelter Emotionen weitreichend sind. Sie hinterlassen nicht nur einen bitteren Nachgeschmack in deinen beruflichen Beziehungen, sondern graben sich auch in dein Selbstvertrauen und deine persönliche Integrität ein.

Doch nicht nur deine beruflichen Beziehungen werden beeinträchtigt, sondern auch dein persönliches Selbstbild. Du wirst dich fragen, ob du die Kontrolle über deine eigenen Emotionen verloren hast und Zweifel werden an dir nagen. Das Feuerwerk der Emotionen mag für einen kurzen Moment spektakulär sein, aber die Konsequenzen sind langfristig schädlich für deine Karriere, deine Beziehungen und dein Wohlbefinden. Es ist Zeit, dem Feuerwerk der Emotionen Einhalt zu gebieten und zu lernen, sie auf eine konstruktive Weise zu kanalisieren.

Wenn Emotionen wie Wut explodieren, entfesseln sie ein wahres Feuerwerk an Konsequenzen. Die wissenschaftlichen Studienergebnisse des renommierten HeartMath Instituts haben gezeigt, dass negative Emotionen erhebliche Auswirkungen auf dein Wohlbefinden und deine Lebensqualität haben können. Lass mich dir einen eindrücklichen Einblick in die nachweislichen Konsequenzen geben:

- Körperliche Gesundheit: Starke negative Emotionen setzen eine Kaskade von Stressreaktionen in deinem Körper frei. Das HeartMath Institut hat herausgefunden, dass dies zu einem erhöhten Risiko für Herzerkrankungen, Bluthochdruck, Schlafstörungen und anderen gesundheitlichen Problemen führen kann. Das Feuerwerk der Konsequenzen beginnt im Inneren deines Körpers und kann sich auf lange Sicht negativ auf deine Gesundheit auswirken.

- Emotionale Belastung: Wenn Emotionen wie Wut außer Kontrolle geraten, beeinflussen sie nicht nur dein eigenes emotionales Wohlbefinden, sondern auch deine zwischenmenschlichen Beziehungen. Das HeartMath Institut hat nachgewiesen, dass negative Emotionen zu einer erhöhten Wahrscheinlichkeit von Konflikten, Spannungen und Isolation führen können. Deine explosiven Emotionen können eine Kluft zwischen dir und deinen Mitmenschen schaffen und dich von der Verbundenheit und Unterstützung isolieren, die du als Führungskraft benötigst.

- Kognitive Einschränkungen: Das Feuerwerk der Konsequenzen erstreckt sich auch auf deine Denkfähigkeit und Entscheidungsfindung. Wenn negative Emotionen die Oberhand gewinnen, können sie deine Fähigkeit zu klarem Denken, kreativem Problemlösen und strategischer Planung beeinträchtigen. Du könntest in einem Zustand der Reaktivität gefangen sein und impulsive Entscheidungen treffen, die langfristige Konsequenzen haben.

- Arbeitsleistung und Effizienz: Die Auswirkungen explodierender Emotionen reichen auch in deine berufliche Sphäre. Das HeartMath Institut hat belegt, dass negative Emotionen deine Produktivität, Effizienz und Arbeitsleistung beeinflussen können. Wenn du dich in einem Zustand der Wut oder Frustration befindest, kann dies zu Ablenkungen, mangelnder Konzentration und einer verringerten Fähigkeit führen, klare Entscheidungen zu treffen.

Die Konsequenzen von negativen Emotionen sind wie ein Gift, das sich auf deine körperliche Gesundheit, deine zwischenmenschlichen Beziehungen und deine berufliche Leistung auswirkt. Indem du dich mit deinen Emotionen auseinandersetzt und lernst, sie konstruktiv zu kanalisieren, kannst du die Kontrolle über deinen emotionalen Zustand zurückgewinnen. Das HeartMath Institut hat gezeigt, dass emotionale Selbstregulierungstechniken und Stressabbauübungen helfen können, negative Emotionen zu reduzieren und dein Wohlbefinden zu verbessern.

### Die Kunst des Umwandelns – der Schlüssel zum rundum Erfolg

Hier kommt der Schlüssel zur Verwandlung: **das Umwandeln von negativen Emotionen in positive Energien**. Stell dir vor, du bist in einem kniffligen Kundengespräch und deine Frustration beginnt zu brodeln. Doch anstatt sie zu unterdrücken oder sie ungefiltert auszudrücken, wendest du meinen kraftvollen „Quantensprungformel"-Prozess an. Wie von Zauberhand verwandelst du diese negativen Emotionen in eine Quelle der Klarheit und Stärke. Du spürst, wie sich deine Energie hebt, deine Gedanken fokussieren sich und du findest kreative Lösungen, die das Gespräch zum Erfolg führen. Was wäre, wenn ich dir sagen würde, dass es einen Weg gibt, deine Emotionen zu kanalisieren und sie in positive Energie umzuwandeln? Ein Weg, der dich von den negativen Auswirkungen der Unterdrückung und des ungezügelten Ausdrucks befreit? Ein Weg, der dich in die Lage versetzt, in jeder Situation souverän zu reagieren und dein volles Potenzial als weibliche Führungskraft auszuschöpfen?

Die gute Nachricht ist, dieser Weg existiert. Durch die Umwandlung negativer Emotionen in positive Kräfte öffnest du eine Tür zu neuen Möglichkeiten und Chancen. Du befreist dich von den Fesseln der Vergangenheit und schaffst Raum für Wachstum und Erfolg.

In meinen Coachings verwende ich die kraftvolle „Quantensprungformel", die die Coachees auf ihrem Transformationsweg begleitet. Sie ermöglicht es ihnen, ihre negativen Emotionen zu erkennen, zu verstehen und in positive Handlungen umzuwandeln. Dadurch können sie sich von Schuldgefühlen, Scham, Wut und Selbstzweifeln befreien und mit zunehmender Leichtigkeit, Klarheit und innerer Stärke voranschreiten.

Liebe Leserin, es ist wichtig zu verstehen, dass „deine Emotionen meistern, beherrschen oder kontrollieren" nicht bedeutet, dass du sie unterdrücken oder verleugnen sollst. Es geht nicht darum, deine Gefühle zu ignorieren oder ein dickes Fell zu entwickeln. Im Gegenteil, es geht darum, deine Emotionen anzuerkennen, ihnen Raum zu geben und sie bewusst zu fühlen. Es bedeutet, dass du die Kontrolle über deine Reaktionen hast und nicht von impulsiven oder destruktiven Emotionen beherrscht wirst.

Das Meistern deiner Emotionen versetzt dich in die Lage, sie zu lenken und konstruktiv mit ihnen umzugehen, anstatt von ihnen überwältigt zu werden. Es erfordert Achtsamkeit, Selbstreflexion, Geduld und die Bereitschaft, dich mit deinen Emotionen auseinanderzusetzen, um aus ihnen zu lernen und persönliches Wachstum zu ermöglichen.

Merke dir: Alles löst ein Gefühl in dir aus, und Gefühle sind hier, um gefühlt zu werden. Indem du deine Emotionen meisterst, ermöglichst du dir selbst ein tieferes Verständnis von dir selbst und kannst einen gesunden Umgang mit ihnen entwickeln. Lass uns gemeinsam diese Reise antreten und die Kraft der emotionalen Meisterschaft entfesseln. Die Möglichkeiten sind grenzenlos und ich stehe an deiner Seite, um dich auf diesem aufregenden Weg zu begleiten. Lass uns deine Grenzen überwinden, deine Potenziale entfalten und die strahlende Führungskraft in dir erwecken. Bist du bereit, die Kunst der Selbstregulation zu erlernen?

Kapitel 2

# Innere Meisterin: Die Kunst der Selbstregulation

## Einführung in das Thema der Selbstregulation bei weiblichen Führungskräften

Hast du dich jemals gefragt, warum manche weibliche Führungskräfte scheinbar mühelos Herausforderungen meistern und dabei einen kühlen Kopf bewahren, während andere in Stresssituationen die Nerven verlieren?

Nun, die Antwort liegt in der magischen Welt der emotionalen Selbstregulation. In unserer hektischen und dynamischen Arbeitswelt sind Emotionen allgegenwärtig. Als weibliche Führungskraft wirst du oft mit veschiedenen Emotionen konfrontiert: von der Freude über Erfolge deines Teams bis hin zur Frustration über Hindernisse und sogar der Angst vor dem Unbekannten. Die Frage ist jedoch, wie du diese Emotionen kontrollieren und sie zu deinem Vorteil nutzen kannst. Neugierig? Du wirst die Antworten erhalten.

Die hohe Kunst der emotionalen Selbstregulation besteht darin, die Gewichtung und Dauer negativer Emotionen auf ein Minimum zu reduzieren. Menschen, die ihre Emotionen meisterhaft regulieren, haben es sich zur Gewohnheit gemacht, die Intensität und Dauer von unerwünschten Emotionen gering zu halten. Dies gelingt ihnen, wie wir bereits besprochen haben nicht, indem sie ihre Emotionen unterdrücken, sondern indem sie sie gezielt umwandeln.

Um dieses Konzept visuell zu verdeutlichen, können wir uns eine Grafik vorstellen, in der die Y-Achse die

Gewichtung und die X-Achse die Dauer der emotionalen Belastung darstellen. Es wird deutlich, dass eine hohe Gewichtung und lange Dauer zu einer verstärkten emotionalen Belastung führen, während eine geringe Gewichtung und kurze Dauer sie verringern. Diese grafische Darstellung ermöglicht es dir, die Bedeutung der Gewichtung und Dauer bei der emotionalen Selbstregulation besser zu verstehen und bewusst darauf Einfluss zu nehmen. Auf der Bonus-Seite findest du auf https://lukastobler.com/bonus eine erläuternde Grafik, die dir helfen kann, ein besseres Verständnis dafür zu entwickeln. Ich empfehle dir, sie auszudrucken und als Erinnerung griffbereit zu haben.

**Bedeutung der Selbstregulation für beruflichen Erfolg und Wohlbefinden**

Lass uns mal ehrlich sein. Du bist eine Powerfrau, die in der Welt der Führung eine bedeutende Rolle spielt. Und genau deshalb ist es so wichtig, dass du deine Emotionen beherrschst und sie nicht dich. Denn die Art und Weise, wie du mit deinen Emotionen umgehst, beeinflusst nicht nur dein eigenes Wohlbefinden, sondern auch den Erfolg deines Teams und letztendlich den Erfolg des gesamten Unternehmens.

Stell dir vor, du wärst eine Kapitänin auf einem stürmischen Ozean. Die Wellen mögen hoch sein und der Wind mag heftig wehen, aber du behältst das Ruder fest in der Hand. Indem du deine Emotionen meisterst, kannst du auch in den stürmischsten Zeiten den Kurs halten und deine Mannschaft sicher ans Ziel führen.

Und hier kommt die gute Nachricht: Du kannst diese Fähigkeit entwickeln und stärken, um in jeder Situation ruhig, fokussiert und authentisch zu bleiben. Dieses Buch wird dich auf diesem Weg begleiten und dir wertvolle Werkzeuge, Tipps und Strategien an die Hand geben, damit du die Kraft deiner Emotionen nutzen und in deinem beruflichen und persönlichen Leben erfolgreich sein kannst. Also schnall dich an, liebe Führungskraft, denn wir werden eine aufregende Reise antreten. Wir werden über Stolpersteine lachen, Herausforderungen mit Leichtigkeit meistern und du kannst am Ende als noch stärkere und selbstbewusstere Version deiner selbst hervorgehen.

Bist du bereit, die Kontrolle über deine Emotionen zu übernehmen und deinen Erfolg auf die nächste Stufe zu heben? Dann lass uns gemeinsam die Kraft der Emotionen entdecken und herausfinden, warum emotionale Selbstregulation der Schlüssel zum Erfolg für weibliche Führungskräfte ist.

Natürlich! Lass mich dir zwei Beispiele geben, die verdeutlichen, wie die Beherrschung der Selbstregulation den Unterschied im beruflichen und persönlichen Alltag einer weiblichen Führungskraft ausmachen kann.

Beispiel 1: Stell dir vor, du bist eine erfolgreiche Führungskraft in einem großen Unternehmen. Dein Tag beginnt mit einem ständigen Strom von E-Mails, Anrufen und Meetings. Der Druck, Entscheidungen zu treffen und gleichzeitig die Erwartungen deines Teams zu erfüllen, lastet schwer auf deinen Schultern. Die Hektik des Büroalltags umgibt dich wie ein Gewittersturm. Du fühlst dich überwältigt, gestresst und hast das Gefühl, den Anforderungen nicht gerecht zu werden.

Die visuellen Eindrücke sind überwältigend: Stapel von Papierkram, ein Bildschirm voller Benachrichtigungen, Menschen, die um deine Aufmerksamkeit buhlen. Der Geräuschpegel ist hoch, mit Telefonen, Gesprächen und dem Klang klappernder Tastaturen. Du spürst, wie sich dein Körper anspannt, dein Herz schneller schlägt und der Atem flacher wird. Du versuchst, deine Emotionen zu verbergen, aber innen brodelt es. Du fühlst dich gefangen in einem Strudel aus Stress, Ärger und Überforderung.

Beispiel 2: Jetzt stell dir vor, wie sich dein beruflicher und persönlicher Alltag verändern könnte, wenn du die Kunst der Selbstregulation beherrschst. Du hast immer noch einen vollen Terminkalender und viele Herausforderungen, aber du bist in der Lage, inmitten des Chaos ruhig zu bleiben und einen klaren Kopf zu bewahren. Du spürst, wie sich deine innere Stärke entfaltet, wenn du bewusst deine Emotionen lenkst. Du siehst das gleiche Bild von Papierstapeln und Benachrichtigungen, aber du bist in der Lage, Prioritäten zu setzen und dich auf das Wesentliche zu konzentrieren. Der Geräuschpegel ist nach wie vor hoch, aber du nimmst dir bewusst Momente der Stille, um tief durchzuatmen und dich zu zentrieren. Während du dich mit den gleichen Anforderungen konfrontiert siehst wie zuvor, spürst du jetzt ein Gefühl von innerem Frieden und Gelassenheit. Du gehst mit klarem Verstand und einer positiven Energie in deine Aufgaben. Du strahlst Vertrauen und Zuversicht aus, die auf deine Mitarbeiter abfärben. Du erkennst, dass du die Kontrolle über deine Emotionen hast und dass sie dich nicht mehr beherrschen.

Diese beiden Beispiele zeigen den starken Kontrast zwischen der Unbeherrschtheit der Emotionen und der Fähigkeit zur Selbstregulation. Sie sollen dich dazu inspirieren, die Kraft der Selbstregulation zu erlernen und zu meistern. Denn indem du deine Emotionen meisterst, kannst du eine positive Veränderung in deinem beruflichen und persönlichen Leben bewirken. Du wirst zur Quelle der Stärke und Inspiration für dich selbst und andere. Bist du bereit, diesen Weg einzuschlagen und dein volles Potenzial als weibliche Führungskraft zu entfalten? Dann lass uns als erstes die fünf wichtigsten Faktoren aufdecken, die einen maßgeblichen Einfluss auf die Selbstregulation haben.

Kapitel 3

# Faktor 1: Stress als Herausforderung für die Selbstregulation

## Erklärung des Zusammenhangs zwischen Stress und Selbstregulation

Liebe Leserin, wir alle wissen, dass Stress ein ständiger Begleiter im beruflichen und persönlichen Leben ist. Aber wusstest du, dass Stress auch einen erheblichen Einfluss auf deine Fähigkeit zur Selbstregulation hat? Lass uns diesen Zusammenhang genauer betrachten.

Stress ist wie ein Sturm, der über uns hinwegfegt und unsere Emotionen aufwühlt. Wenn wir gestresst sind, geraten wir oft in einen Zustand der Überlastung. Unser Körper reagiert mit erhöhtem Herzschlag, angespannten Muskeln und einem ständigen Alarmmodus. In dieser Situation ist es schwer, unsere Emotionen zu kontrollieren und unsere Handlungen bewusst zu steuern.

Stell dir vor, dein Körper ist wie ein hochsensibles Instrument, das auf jede deiner Bewegungen reagiert. Doch statt einer sanften Melodie spielt es plötzlich einen nervenaufreibenden Stresstakt. Die Auswirkungen sind verheerend – dein Herz rast wie ein wild gewordenes Tamburin, deine Muskeln verkrampfen sich wie eine eingerostete Geige und deine Gedanken wirbeln wie eine unkontrollierbare Symphonie durcheinander.

Stress mag vielleicht wie ein unvermeidbarer Begleiter im hektischen Führungsalltag erscheinen, aber lass mich dir sagen: Dieses Konzert der Belastungen hat keine Zugabe verdient. Denn die negativen Auswirkungen von Stress auf deinen Körper sind nicht zu unterschätzen. Es ist als ob die Saiten deiner inneren Harmonie reißen und dein ganzes System aus dem Takt gerät. Wenn du dich dauerhaft dem Stress aussetzt, kann sich das auf deine Gesundheit auswirken wie ein verstimmtes Klavier, das immer lauter und schriller klingt. Dein Immunsystem wird geschwächt, du fühlst dich erschöpft wie nach einem endlosen Marathon und deine Konzentration gleicht einem zersplitterten Spiegel.

Und hier kommt der Paukenschlag: Als weibliche Führungskraft kannst du dir diese negativen Auswirkungen weder beruflich noch persönlich leisten. Dein Team braucht dich in Bestform, um gemeinsam Höchstleistungen zu erzielen. Und auch dein persönliches Wohlbefinden und deine Work-Life-Harmonie sind entscheidend für ein erfülltes und glückliches Leben.

Also übernimm die Dirigentenrolle und verwandle deine Stress-Symphonie in eine harmonische Meisterleistung. Denn du verdienst es, in Einklang mit dir selbst zu sein und dich als Führungskraft mit voller Kraft zu entfalten.

## Herausforderungen, mit Stress umzugehen und die Auswirkungen auf die Selbstregulation

Die Herausforderungen im Umgang mit Stress sind vielfältig. Stell dir vor, du befindest dich in einer hitzigen Besprechung, in der verschiedene Meinungen aufeinanderprallen. Die Anspannung steigt und du spürst, wie sich Wut und Frustration in dir aufbauen. In solchen Momenten ist es schwer, einen klaren Kopf zu bewahren und angemessen zu reagieren.

Wenn der Stresspegel steigt, neigen wir dazu, in alte Gewohnheiten zurückzufallen. Wir reagieren impulsiv, sagen Dinge, die wir später bereuen und verlieren möglicherweise das Vertrauen unserer Mitarbeiter oder Kollegen. Unsere Fähigkeit zur Selbstregulation wird dadurch geschwächt und wir geraten in einen Teufelskreis aus Stress und negativen Emotionen.

Stell es dir wie folgt vor: Du bist in einem wilden Rodeo-Ritt des Stresses gefangen. Die Herausforderungen im Umgang damit sind wie wilde Bullen, die versuchen, dich von deinem Sattel der Gelassenheit zu werfen. Da bist du nun, umringt von tobenden Gedanken und pulsierenden Emotionen und versuchst verzweifelt, den Halt nicht zu verlieren.

In diesen hitzigen Besprechungen, in denen die Meinungen wie Feuerwerkskörper explodieren, bist du die Zündmeisterin. Doch statt Harmonie zu entfachen, drohen die Funken der hitzigen Austausche, alles in Flammen aufgehen zu lassen. Die Wut pocht in deinen Schläfen wie der Takt eines unerbittlichen Trommelwirbels und die Frustration schlägt dir ins Gesicht wie ein unvorhersehbarer Boxschlag.

Aber hey, lass uns mal ehrlich sein: In solchen Momenten fällt es selbst den besten Führungskräften schwer, einen kühlen Kopf zu bewahren. Wir sind nur

Menschen, keine Stress-erprobten Roboter. Und ja, manchmal bricht der Vulkan der Emotionen aus und wir sagen Dinge, die wir später bereuen. Doch das bedeutet nicht, dass wir ein solches Verhalten tolerieren sollten. Im Gegenteil, es gibt uns die Chance, aus diesen Erfahrungen zu lernen, persönlich zu wachsen und uns zu verändern.

Du kannst diesen Teufelskreis des Stresses und der impulsiven Reaktionen durchbrechen. Du kannst den wilden Bullen des Stressreitens zähmen und deine Selbstregulation stärken wie eine furchtlose Dompteurin. Indem du deine Emotionen erkennst, sie in den Griff bekommst und mit Bedacht reagierst, wirst du zur wahren Heldin deiner eigenen Geschichte.

Also schnapp dir dein virtuelles Lasso und zeig dem Stress, wer hier die Chefin ist. Denn du hast das Potenzial, dich in jeder Herausforderung zu behaupten und als emotionale Meisterin hervorzugehen. Und am Ende des Tages kannst du mit einem Augenzwinkern sagen: „Stress, du hast mich vielleicht geärgert, aber du hast mich nicht besiegt!“

### Strategien zur Stressbewältigung und Förderung der Selbstregulation

Es ist an der Zeit, dem Stress die Stirn zu bieten und deine Selbstregulation zu stärken. Es gibt verschiedene bewährte Strategien, um Stress zu bewältigen und deine Fähigkeit zur Selbstregulation zu verbessern. Eine effektive Methode ist es, bewusst Pausen einzulegen und Momente der Entspannung zu schaffen. Das kann bedeuten, dass du dir regelmäßig Zeit für Meditation, Atemübungen oder Entspannungstechniken nimmst. Wenn du bewusst auf deinen Körper und deine Emotionen achtest, kannst du frühzeitig Stresssignale erkennen und angemessen darauf reagieren.

Lehne dich zurück und mache es dir bequem. Spüre, wie sich die Spannung in deinen Schultern langsam löst und ein Gefühl der Ruhe deinen Körper durchströmt. Lass den Stress des Tages von dir abfallen und tauche ein in eine Welt der tiefen Entspannung.

Du befindest dich an einem wunderschönen Strand, umgeben von sanftem Meeresrauschen und einer leichten Meeresbrise, die die Sorgen des Alltags fortträgt. Spüre, wie du barfuß im warmen Sand spazierst und dich von der Sonne sanft streicheln lässt. Jeder Atemzug bringt dir mehr Gelassenheit und Frieden.

Lass deine Gedanken in dieser entspannten Atmosphäre schweben und nimm dir einen Moment Zeit für dich selbst. Spüre die Verbindung zu deinem inneren Kern, zu deiner Stärke und Weisheit als Führungskraft. Lass dich von der Gewissheit erfüllen, dass du alles hast, was du brauchst, um erfolgreich zu sein.

Doch halt! Es ist Zeit, aus diesem Zustand der tiefen Entspannung aufzuwachen. Du möchtest schließlich nicht den Rest des Inhalts verschlafen, oder? Also spüre, wie neue Energie und Motivation durch deine Adern fließen. Bereit, dich den Herausforderungen des Alltags zu stellen und dein volles Potenzial als Führungskraft auszuschöpfen? Auf geht's, du Energiebündel! Es wartet eine spannende Reise auf dich, voller Herausforderungen, aber auch voller Chancen.

Also reiß die Arme hoch, mach eine Siegerpose und zeig der Welt, was du drauf hast! Lass uns gemeinsam die Business-Bühne rocken und dabei das Leben in vollen Zügen genießen. Wache auf und werde zur Superheldin deiner eigenen Erfolgsgeschichte.

Ein weiterer Ansatz ist es, deine Gedankenmuster zu überprüfen und negative Denkmuster zu erkennen. Oftmals verstärken wir den Stress durch unsere eigenen Gedanken, indem wir uns in einem Teufelskreis aus Sorgen und Ängsten verlieren. Wenn du negative Gedanken bewusst unterbrichst und durch positive und konstruktive Gedanken ersetzt, kannst du dein emotionales Gleichgewicht wiederherstellen und deine Selbstregulation stärken.

Zusätzlich ist es wichtig, ein starkes Unterstützungsnetzwerk aufzubauen. Suche den Austausch mit vertrauenswürdigen Kollegen, Freunden oder einem Coach. Teile deine Sorgen und Ängste und lerne, um Hilfe zu bitten. Gemeinsam könnt ihr Strategien entwickeln, um den Stress zu bewältigen und die Selbstregulation zu fördern.

Abschließend möchte ich dir ein greifbares Beispiel geben: Stell dir vor, du bist auf einem Hochseil über einem tiefen Abgrund. Das Seil wackelt, der Wind pfeift dir um die Ohren und der Stress steigt. Wenn du dich in diesem Moment nicht auf deine Selbstregulation verlassen kannst, wirst du dich von Angst und Panik überwältigen lassen. Aber wenn du gelernt hast, deine Emotionen zu kontrollieren und ruhig zu bleiben, wirst du mit Konzentration und Präzision über das Seil schreiten, ohne zu wanken.

Der Umgang mit Stress und die Entwicklung deiner Selbstregulation sind der Schlüssel zu deinem beruflichen und persönlichen Erfolg. Indem du dich diesen Herausforderungen stellst und die richtigen Strategien anwendest, wirst du nicht nur in der Lage sein, mit Stress umzugehen, sondern auch deine Selbstregulation zu meistern und zu einer inspirierenden und erfolgreichen Führungskraft zu werden. Also, nimm dir eine Atempause, sammle deine Kräfte und lass uns gemeinsam den nächsten Schritt gehen.

Kapitel 4

# Faktor 2: Emotionale Belastung und ihre Auswirkungen auf die Selbstregulation

## Zusammenhang zwischen emotionaler Belastung und Selbstregulation

Wir wissen bereits, dass emotionale Selbstregulation von entscheidender Bedeutung für deinen Erfolg als weibliche Führungskraft ist. Doch es gibt einen weiteren Faktor, der die Selbstregulationsfähigkeit stark beeinflusst: die emotionale Belastung. Es ist wichtig zu erkennen, wie eng diese beiden Aspekte miteinander verknüpft sind.

Stell dir vor, du stehst vor einer großen Herausforderung in deinem Berufsleben. Vielleicht musst du schwierige Entscheidungen treffen, Konflikte lösen oder dich mit anspruchsvollen Kunden auseinandersetzen. All diese Situationen erzeugen eine emotionale Belastung, die deine innere Harmonie stören kann. Wenn du dich gestresst, überfordert oder überwältigt fühlst, wird es schwieriger, deine Emotionen zu regulieren.

Hier ist eine schöne Metapher, um zu verdeutlichen, was ich meine: Du befindest dich mitten in einem gefährlichen Dschungel voller wilder Tiere und dein einziger Ausweg ist ein schmaler Pfad über einen reißenden Fluss. Die Hitze ist unerträglich, der Schweiß rinnt dir den Rücken hinunter und dein Herz pocht so laut, dass es die Vögel zum Schweigen bringt.

Plötzlich tauchen vor dir Entscheidungen auf wie giftige Schlangen, die sich um deine Füße winden. Du versuchst, sie zu umgehen, aber sie lassen dich nicht los. Konflikte schleichen sich wie hungrige Raubtiere heran und drohen, dich zu verschlingen. Und dann sind da noch diese anspruchsvollen Kunden, die mit ihren Forderungen wie wildgewordene Gorillas umherhüpfen.

In solchen Momenten der emotionalen Belastung kann es schwer sein, den Überblick zu behalten. Du fühlst dich wie eine Seiltänzerin, die auf einem wackeligen Drahtseil balanciert. Jeder Schritt kann der letzte sein, und du weißt, dass du keine Fehler machen darfst.

Aber Moment mal, du bist eine furchtlose Amazonenkriegerin! Du hast die Fähigkeit, dich selbst zu regulieren, auch wenn die Emotionen wild umherwirbeln wie die Äste im Sturm. Du atmest tief ein und spürst die Kraft in deinem Inneren. Du weißt, dass du die Kontrolle hast, auch wenn der Dschungel um dich herum verrücktspielt.

Also komm schon, mutige Powerfrau! Zeig dem Dschungel, wer hier das Sagen hat. Lass dich nicht von den emotionalen Herausforderungen einschüchtern, sondern nutze sie als Sprungbrett für deinen Erfolg. Denn nur wenn du dich selbst regulierst, kannst du das volle Potenzial deiner Führungskraft entfalten und deine berufliche und persönliche Welt erobern.

Und denk immer daran: Selbst wenn du manchmal durch den Dschungel des Lebens wankst, stehe wieder auf, schüttle den Staub von deinen Schultern und lass dir ein breites Grinsen ins Gesicht zaubern. Denn am Ende des Tages bist du eine Frau, die mit Leidenschaft, Intelligenz und einem ordentlichen Schuss Humor alles erreichen kann. Also los, du Dschungelkönigin, erobere deine Welt – aber vergiss nicht, zwischendurch mal zu lachen.

## Herausforderungen bei der Emotionsregulation und deren Einfluss auf die Selbstregulation

Die Herausforderungen der Emotionsregulation sind vielfältig. Oft neigen wir dazu, unsere Emotionen zu unterdrücken oder zu ignorieren, in der Hoffnung, dass sie von alleine verschwinden. Doch wie wir gesehen haben, funktioniert das leider nicht. Unterdrückte Emotionen können sich aufstauen und in unpassenden Momenten explodieren. Vielleicht kennst du das Gefühl, wenn du nach einem anstrengenden Arbeitstag nach Hause kommst und wegen einer Kleinigkeit plötzlich in Tränen ausbrichst oder an die Decke gehst. Das sind die unterdrückten Emotionen, die ihren Ausdruck finden.

Eine weitere Herausforderung ist der Einfluss von negativen Emotionen auf unsere Selbstregulation. Wenn wir gestresst, ängstlich oder frustriert sind, fällt es uns schwerer, klare Entscheidungen zu treffen, kreativ zu denken oder uns auf unsere Aufgaben zu konzentrieren. Unsere Energie wird von den negativen Emotionen aufgesogen und wir verlieren den Zugang zu unserer inneren Kraft und Intuition.

Die Herausforderungen der Emotionsregulation sind

wie wilde Achterbahnen in einem Freizeitpark. Manchmal versuchen wir, die Gefühle einfach wegzudrücken, als wären sie Luftballons, die wir krampfhaft unter Wasser halten. Doch am Ende schießen sie unkontrolliert empor und knallen uns mitten ins Gesicht. Oder wir dulden die Emotionen wie unbequeme Schuhe und versuchen, trotz der Blasen und Druckstellen weiterzulaufen. Doch jeder Schritt wird zur Qual. Unser Gang wird zur Karikatur eines tapferen Vorwärts, als ob wir auf einer imaginären Bühne eine lächerliche Tanznummer aufführen. Unsere Schritte sind unkoordiniert und unser Gleichgewicht scheint ständig bedroht. Es ist, als ob wir versuchen, über unsichtbare Hindernisse zu springen, während das Publikum amüsiert zuschaut.

Die Auswirkungen dieser Herausforderungen auf unsere Selbstregulation sind wie ein tobender Sturm, der uns aus dem Gleichgewicht bringt. Wir verlieren den Halt, die Kontrolle und stolpern im Angesicht der negativen Emotionen. Unser Verstand verheddert sich in einem Durcheinander aus Stress, Ärger und Frustration. Die klaren Gedanken, die uns normalerweise wie Leuchttürme den Weg weisen, verblassen und wir tappen im Dunkeln.

Lass dich nicht von diesen wilden Achterbahnen und dem stürmischen Wind umwerfen. Du bist stark und kannst dich inmitten des Chaos zentrieren. Es ist an der Zeit, deine Emotionen zu umarmen, als wären sie rebellische Kinder, die nach deiner liebevollen Führung suchen. Nimm dir einen Moment, atme tief ein und lass all den Ballast los. Spüre, wie sich deine innere Stärke entfaltet und dich fest verankert. Du kannst klare Entscheidungen treffen, deine Kreativität entfachen und dich auf das Wesentliche fokussieren.

Also, lass uns dem Sturm ein witziges Lüftchen entgegenblasen. Steh aufrecht, richte deine Krone und zeige dem Chaos, wer hier das Zepter schwingt. Und denke immer daran: Wenn du deine Emotionen beherrschst, beherrschst du die Welt! Na gut, vielleicht nicht die ganze Welt, aber zumindest deine Welt der Führung und Selbstregulation.

Du bist bereit für die Herausforderungen, du bist bereit für die Selbstregulation. Also los, rocke deine Führungsrolle und sei die Königin der Emotionsregulation.

## Techniken zur Förderung der Emotionsregulation und Stärkung der Selbstregulation

Jetzt kommt der spannende Teil, liebe Führungskraft. Es gibt eine Vielzahl von effektiven Techniken, die dir helfen können, deine Emotionsregulation zu fördern und deine Selbstregulation zu stärken. Eine davon ist die Achtsamkeit, die uns lehrt, im gegenwärtigen Moment präsent zu sein und unsere Emotionen ohne Urteil zu beobachten. Indem wir uns bewusst werden, was wir fühlen, können wir lernen, unsere Emotionen besser zu verstehen und ihnen auf konstruktive Weise Ausdruck zu verleihen.

Schließe kurz deine Augen. Nein, ich mache nur Spaß! Halte deine Augen weit geöffnet, denn wir wollen ja nicht riskieren, dass du den Rest des Textes verpasst. Nun, wo waren wir? Ach ja, Achtsamkeit! Lass uns eine kleine Achtsamkeitsübung machen, um dich in den gegenwärtigen Moment zu bringen. Konzentriere dich auf deinen Atem. Spüre, wie du einatmest und ausatmest. Beobachte den Fluss deines Atems, ohne ihn zu kontrollieren. Bemerke die Empfindungen in deinem Körper, während du ein- und ausatmest. Wenn deine Gedanken abschweifen, bringe sie sanft zurück zu deinem Atem.

Eine weitere hilfreiche Technik ist die emotionale Selbstreflexion. Nimm dir regelmäßig Zeit, um deine Gefühle bewusst wahrzunehmen und zu reflektieren. Frage dich, welche Emotionen du in bestimmten Situationen empfindest und warum. Welche Auslöser führen zu deinen emotionalen Reaktionen? Indem du dich selbst besser verstehst, kannst du gezielt an deiner Emotionsregulation arbeiten.

Denke auch daran, dass körperliche Aktivität und Entspannungstechniken wie Meditation oder Yoga eine große Rolle bei der Emotionsregulation spielen können. Wenn du deinem Körper Gutes tust, schaffst du die Grundlage für eine gesunde emotionale Harmonie.

Greifen wir noch einmal auf ein Beispiel zurück: Stell dir vor, du bist in einer hitzigen Diskussion mit einem Teammitglied verwickelt. Die Situation ist hoch emotional und du spürst, wie deine Wut langsam hochkocht. Anstatt in die Falle impulsiven Handelns zu tappen, wendest du die Techniken der Emotionsregulation an.

Du atmest tief durch, nimmst dir einen Moment der Achtsamkeit und reflektierst über deine eigenen Gefühle. Dadurch gelingt es dir, die Situation aus einem ruhigeren und konstruktiveren Blickwinkel zu betrachten. Du kannst deine Emotionen kanalisieren, um eine effektive Kommunikation zu ermöglichen und gemeinsam eine Lösung zu finden.

Erkennst du, wie wichtig es ist, deine Emotionen nicht auf die leichte Schulter zu nehmen und aktiv an deiner Selbstregulation zu arbeiten? Durch das Erlernen von Techniken zur Emotionsregulation kannst du nicht nur deinen beruflichen Alltag effektiver gestalten, sondern auch dein persönliches Wohlbefinden steigern.

Nun bist du gefragt, liebe Leserin. Bist du bereit, dich den Herausforderungen der Emotionsregulation zu stellen und deine Selbstregulation zu stärken? Sei mutig und öffne dich für die Möglichkeiten, die sich dir bieten. Deine Zukunft als erfolgreiche weibliche Führungskraft liegt in deinen Händen!

Kapitel 5

# Faktor 3: Ablenkungen und Reizüberflutung als Hindernisse für die Selbstregulation

## Einfluss von Ablenkungen und Reizüberflutung auf die Konzentration und Selbstregulation

Kennst du das Gefühl, wenn du versuchst, dich auf eine wichtige Aufgabe zu konzentrieren, aber deine Umgebung ein wahrer Zirkus zu sein scheint? Die moderne Arbeitswelt ist voller Ablenkungen und Reizüberflutung, die es uns schwer machen, unsere Selbstregulation aufrechtzuerhalten.

Wenn wir von Ablenkungen umgeben sind, wird unsere Konzentration gestört und wir verlieren den Fokus auf das, was wirklich wichtig ist. Ständig ploppt eine E-Mail-Benachrichtigung auf, das Telefon klingelt ununterbrochen, Kollegen unterbrechen uns mit ihren Fragen und Social-Media-Benachrichtigungen bringen uns aus dem Rhythmus. All diese Reize können unser inneres Gleichgewicht leicht stören und unsere emotionale Selbstregulation erschweren.

Stell dir vor, liebe Führungskraft, du sitzt in deinem Büro, umgeben von einem wahren Zoo voller Ablenkungen. Dein Telefon springt wie ein wild gewordenes Känguru auf und ab, während E-Mails wie wilde Papageien auf deinem Bildschirm herumflattern. Kollegen kommen herein und plappern wie quasselnde Affen und Benachrichtigungen machen sich breit wie neugierige Meerkatzen. Inmitten dieses ganzen Chaos versuchst du verzweifelt, dich auf deine wichtige Aufgabe zu konzentrieren. Du stellst fest, dass deine Gedanken summen und surren wie lästige Fliegen, die ständig umherfliegen und deine Konzentration stören. Die

Konzentration entgleitet dir wie Wasser, das zwischen deinen Fingern hindurchfließt und sich nicht festhalten lässt. Und während du versuchst, deine Emotionen im Zaum zu halten, fühlst du dich zunehmend gestresst und überfordert.

Doch Moment mal, du bist eine Powerfrau, die sich von nichts aus der Bahn werfen lässt. Du wirst die Ablenkungen bändigen wie eine Löwenbändigerin in der Manege. Also schnapp dir deine mentale Peitsche und lass uns dem Chaos ein Ende bereiten!

Als erstes, schalte diese verrückten Benachrichtigungen aus. Lass nicht zu, dass E-Mails und Mobiltelefon-Nachrichten wie wildgewordene Paviane auf deinem Bildschirm herumklettern und dich ablenken. Stelle klare Regeln auf, wann du dich ihnen widmest und wann nicht. Und wenn das Telefon klingelt, denk daran, dass du die Chefin bist und entscheiden kannst, wann du rangehst. Mach dir die Kontrolle über deine Umgebung zu eigen und lass dich nicht von den Reizen des Dschungels ablenken.

Und hier kommt der Clou: Schaffe dir einen „heiligen" Raum der Konzentration. Gestalte deine Arbeitsumgebung so, dass sie dich unterstützt, anstatt dich in Versuchung zu führen. Räume den Schreibtisch auf, schaffe eine angenehme Atmosphäre und stelle sicher, dass du alles griffbereit hast, was du für deine Aufgabe brauchst. Und dann, schließe die Tür, lass die Äffchen draußen und tauche ein in die Ruhe deines konzentrierten Ozeans.

Du hast es geschafft! Du hast die Ablenkungen gezähmt und deine Konzentration zurückgewonnen. Du bist die Herrscherin über dein eigenes Reich der Selbstregulation. Also lass uns weitermachen und die Welt der Führung erkunden - ohne wildgewordene Äffchen und störende Reize.

Aufgewacht, Führungskraft! Es ist Zeit, das Zepter wieder in die Hand zunehmen und das wilde Treiben zu beenden. Vergiss nicht, deine Augen offen zu halten und dich von den Ablenkungen nicht ins Bockshorn jagen zu lassen. Du bist die Königin des Fokus, die Herrscherin der Konzentration! Also lass uns dem Chaos den Rücken kehren und mit einem breiten Lächeln in die Welt der Selbstregulation aufbrechen. Und denk immer daran: „Wilde Äffchen mögen süß sein, aber haben hier keine Macht!"

## Identifizierung von häufigen Ablenkungen im beruflichen Umfeld

Um die Selbstregulation zu stärken, ist es wichtig, dir bewusst zu machen, welche Ablenkungen dir im beruflichen Umfeld begegnen. Die Arbeit als weibliche Führungskraft kann mit ihren eigenen Herausforderungen und Ablenkungen kommen. Indem du dir dieser bewusst bist und entsprechende Strategien entwickelst, kannst du deine Konzentration und Selbstregulation stärken, um dein volles Potenzial auszuschöpfen und erfolgreich zu sein. Hier sind einige Beispiele für häufige Störfaktoren, denen du begegnen könntest:

- **Digitale Ablenkungen:** Dein Smartphone, so praktisch es auch sein mag, kann zu einer ständigen Quelle der Ablenkung werden. Social-Media-Apps, Benachrichtigungen und endlose E-Mail-Alarme ziehen dich in ihren Bann und stören deine Konzentration.

- **Lärm und Unruhe:** Ein lauter und chaotischer Arbeitsplatz kann deine Gedanken zerstreuen und deine innere Ruhe stören. Gespräche, Telefonate und Hintergrundgeräusche lenken dich ab und machen es schwer, in einen Zustand der Selbstregulation zu gelangen.

- **Multitasking:** Die Vorstellung, mehrere Aufgaben gleichzeitig zu erledigen, mag verlockend erscheinen, aber sie führt oft zu Oberflächlichkeit und mangelnder Konzentration. Du springst von einer Aufgabe zur nächsten, ohne wirklich in einen tiefen Arbeitsfluss zu gelangen.

- **Stereotype und Vorurteile:** Leider können stereotype Erwartungen und Vorurteile gegenüber weiblichen Führungskräften zu einer zusätzlichen Ablenkung werden. Du könntest dich mit dem Druck konfrontiert sehen, bestimmten Klischees gerecht zu werden oder dich gegen Vorurteile und Ungerechtigkeiten behaupten zu müssen. Diese zusätzliche Belastung kann deine Konzentration beeinträchtigen und dich von deinen eigentlichen Zielen ablenken.

- **Übermäßige Verantwortung:** Als Führungskraft trägst du oft eine hohe Verantwortung für das Wohl deines Teams und den Erfolg des Unternehmens. Diese Verantwortung kann manchmal erdrückend sein und dich dazu verleiten, dich ständig um andere zu kümmern und deine eigenen Bedürfnisse zu vernachlässigen. Es ist wichtig, dich daran zu erinnern, dass Selbstfürsorge und Ausgleich wesentliche Elemente für deine langfristige Leistungsfähigkeit sind.

- **Interne und externe Erwartungen:** Neben den Erwartungen, die du an dich selbst hast, könnten auch die Erwartungen anderer an dich als weibliche Führungskraft eine Ablenkung sein. Es könnte sein, dass du dich mit dem Druck konfrontiert siehst, perfekt zu sein, niemals Fehler zu machen oder bestimmten gesellschaftlichen Normen zu entsprechen. Es ist wichtig, deine eigenen Ziele und Werte zu definieren und dich nicht zu sehr von den Erwartungen anderer beeinflussen zu lassen.

- **Zeitnutzung-Herausforderungen:** Als Führungskraft hast du oft viele Verantwortlichkeiten und Aufgaben, die um deine Zeit konkurrieren. Meetings, Entscheidungen, strategische Planung - all diese Dinge können deine Zeit schnell aufbrauchen und dich von wichtigen Aufgaben ablenken. Es ist entscheidend, effektive Zeitnutzung-Strategien zu entwickeln und Prioritäten zu setzen, um den Fokus auf das Wesentliche zu behalten.

Die Liste der Ablenkungen im beruflichen Umfeld scheint manchmal endlos zu sein, aber keine Sorge, liebe weibliche Führungskraft, denn wir lassen uns nicht so leicht von unserem Weg abbringen. Lies aufmerksam weiter, denn es wird noch bunter.

Hier sind einige weitere Störfaktoren, die dir das Leben schwermachen könnten:

- **Büroklatsch und Tratsch:** Oh ja, das Büro ist manchmal wie ein Bienenstock voller Klatschmäuler. Von den neuesten Beziehungsgerüchten bis hin zu skandalösen Enthüllungen über Kollegen – es ist schwer, dem Tratsch zu widerstehen. Aber vergiss nicht, du bist hier, um dein Team zu leiten und Großes zu erreichen. Also lass die Tratschtanten links liegen und konzentriere dich auf das Wesentliche!

- **Unvorhergesehene Krisen:** Als Führungskraft wirst du immer wieder mit unvorhergesehenen Krisen konfrontiert. Ob es nun ein plötzlicher Ausfall der Technik ist oder eine unerwartete Kundenbeschwerde – solche Situationen können dich aus der Bahn werfen und deine Konzentration beeinträchtigen. Bleib ruhig, sammle deine Kräfte und zeige der Krise, wer hier am längeren Hebel sitzt.

- **Selbstzweifel und Impostor-Syndrom:** Das kleine Teufelchen namens Selbstzweifel schleicht sich gerne in deine Gedanken und flüstert dir ein, dass du nicht gut genug bist oder dass dein Erfolg nur Glückssache ist. Aber du bist hier aus einem Grund – du hast deine Fähigkeiten und Talente eingesetzt, um deine Position als weibliche Führungskraft zu erreichen und du verdienst sie. Lass die Selbstzweifel los und vertraue auf dich selbst.

- **Prokrastination:** Ach, die liebe Prokrastination, ein treuer Begleiter in den endlosen Weiten des Internets. Es ist so verlockend, sich in Katzenvideos, lustigen Memes, Online-Shopping oder sogar in endlosen Recherchen und inspirierenden Videos zu verlieren. Aber denke daran, Zeit ist kostbar und du hast wichtige Dinge zu erledigen. Setz dir klare Ziele, fokussiere dich und lass die Versuchung der Prokrastination hinter dir.

Nun bist du gewappnet für all diese Ablenkungen, die dir auf deinem Weg begegnen könnten. Halte deinen Fokus fest im Blick, lass dich nicht aus der Bahn werfen und überzeuge dich selbst, was du als Emotionsmeisterin und selbstregulierende Powerfrau alles erreichen kannst.

### Tipps zur Reduzierung von Ablenkungen und Förderung der Selbstregulation

Nun möchtest du sicherlich wissen, wie du mit diesen Ablenkungen umgehen und deine Selbstregulation fördern kannst. Hier sind einige bewährte Tipps, die dir dabei helfen können:

- **Schaffe eine „Fokuszone“:** Richte dir einen Bereich ein, in dem du dich bewusst von Ablenkungen abschirmen kannst. Schalte Benachrichtigungen aus, schließe die Tür und schaffe eine ruhige und ordentliche Umgebung, die deine Konzentration unterstützt.

- **Plane Pausen ein:** Regelmäßige Pausen sind entscheidend, um deine Konzentration aufrechtzuerhalten und Stress abzubauen. Nutze diese Momente, um bewusst abzuschalten, tief durchzuatmen und deine Emotionen zu regulieren.

- **Priorisiere und delegiere:** Setze klare Prioritäten und lerne, Aufgaben zu delegieren. Indem du dich auf das Wesentliche konzentrierst und Verantwortung abgibst, kannst du Ablenkungen minimieren und dich auf die Aufgaben konzentrieren, die deine volle Aufmerksamkeit verdienen.

Denke daran, dass die Reduzierung von Ablenkungen und die Förderung der Selbstregulation ein kontinuierlicher Prozess sind. Er erfordert Übung und Disziplin, aber die Belohnungen sind immens. Du wirst feststellen, dass du dich besser auf deine Aufgaben konzentrieren kannst, weniger gestresst bist und effektiver arbeitest.

Nimm dir die Zeit, dich auf dich selbst zu konzentrieren und deine Emotionen bewusst zu regulieren. Wenn du die Ablenkungen um dich herum minimierst und deine Selbstregulation stärkst, wirst du zunehmend spüren, wie sich deine innere Stärke und Gelassenheit entwickeln. Du wirst erkennen, dass du den Stress nicht auf die leichte Schulter nehmen darfst, sondern dass es in deiner Hand liegt, die Kontrolle zu übernehmen und dein volles Potenzial als weibliche Führungskraft zu entfalten. Lass mich dir ein tiefgreifendes Beispiel geben, das verdeutlicht, wie Ablenkungen und Reizüberflutung die Selbstregulation beeinträchtigen können:

Stell dir vor, du arbeitest an einem wichtigen Projekt, das engen Zeitvorgaben unterliegt. Du sitzt konzentriert an deinem Schreibtisch, als plötzlich dein Smartphone vibriert und dir eine Benachrichtigung anzeigt. Neugierig nimmst du das Gerät in die Hand und siehst, dass es sich um eine Nachricht in einer Gruppenchat-App handelt. Du denkst dir: „Nur eine kurze Ablenkung" und öffnest die App, um schnell die Nachricht zu lesen.

Doch was als kurze Ablenkung gedacht war, entwickelt sich zu einer langen Ablenkungsspirale. Du scrollst durch den Chat, liest verschiedene Beiträge, lachst über lustige Memes und kommentierst die Diskussion. Die Zeit vergeht wie im Flug und als du wieder auf deine Arbeit schaust, sind wertvolle Minuten vergangen.

Nun versuchst du, dich wieder auf das Projekt zu konzentrieren, aber dein Geist ist bereits abgelenkt. Du denkst immer noch über die Chatnachrichten nach und fragst dich, ob es noch neue Beiträge gibt. Der Fokus auf deine Arbeit fällt schwer und du beginnst, gestresst zu werden. Die Gedanken an den Zeitdruck und die unerledigten Aufgaben machen sich bemerkbar. Du verspürst ein Gefühl von Frustration und Ärger über dich selbst, dass du dich von der Ablenkung hast mitreißen lassen. Hier kommt der Knaller: Eine Studie, die im „International Journal of Information Management" veröffentlicht wurde, ergab, dass Büroangestellte im Durchschnitt 64 Sekunden benötigen, um sich nach dem Überprüfen ihrer E-Mails wieder zu orientieren und zur Arbeit zurückzukehren. Lass das einen Augenblick auf deiner Zunge zergehen.

Das mag dir bekannt vorkommen, denn wir alle sind schon einmal in die Falle der Ablenkungen und Reizüberflutung getappt. Doch hier ist die wichtige Erkenntnis: Wenn du dich bewusst gegen diese Ablenkungen zur Wehr setzt und deine Selbstregulation stärkst, kannst du die Kontrolle über deine Aufmerksamkeit zurückgewinnen und deine Produktivität steigern.

Stell dir nun vor, wie es sein könnte, wenn du dich von den Ablenkungen abschottest und bewusst deine Selbstregulation förderst. Du schaltest alle Benachrichtigungen aus, legst dein Smartphone außer Reichweite und schaffst eine ruhige Arbeitsumgebung. Du konzentrierst dich ganz bewusst auf deine Aufgabe und gehst in einen Zustand des Flows ein. Die Zeit verfliegt, während du deine volle Aufmerksamkeit auf das Projekt richtest.

Wenn du schließlich eine Pause einlegst, um dich zu regenerieren, wählst du bewusst eine Aktivität aus, die deine Selbstregulation unterstützt. Vielleicht machst du eine kurze Meditation, gehst spazieren oder liest ein inspirierendes Buch. Du fühlst, wie sich deine innere Ruhe wiederherstellt und du gestärkt zurückkehrst, um deine Arbeit fortzusetzen. Dieses Beispiel zeigt, wie die bewusste Reduzierung von Ablenkungen und die Förderung der Selbstregulation den entscheidenden Unterschied machen können.

Wenn du dich aktiv gegen die Reizüberflutung behauptest und bewusst für deine Prioritäten einstehst, stärkst du deine Selbstregulation. Du wirst immer besser darin, deine Aufmerksamkeit bewusst zu lenken und dich nicht mehr von äußeren Einflüssen beherrschen zu lassen.

Die Wichtigkeit der Selbstregulation wird immer deutlicher, wenn du erkennst, wie Ablenkungen und Reizüberflutung deine Produktivität, Klarheit und innere Harmonie beeinträchtigen können. Sei entschlossen, diesen Hindernissen entgegenzutreten und die Kraft der Selbstregulation zu nutzen, um dein volles Potenzial als weibliche Führungskraft zu entfalten.

Kapitel 6

# Faktor 4: Müdigkeit und Erschöpfung als Belastungen für die Selbstregulation

## Auswirkungen von Müdigkeit und Erschöpfung auf die Selbstregulation

Lass uns einen Blick auf den vierten Faktor werfen, der die emotionale Selbstregulation beeinflusst: Müdigkeit und Erschöpfung. Du kennst es sicherlich, wenn du nach einer durchwachten Nacht vor dem Spiegel stehst und dir selbst versprichst, dass du diese Nacht besser schlafen wirst. Aber dann übernimmt der Arbeitsstress erneut die Kontrolle und du findest dich wieder in einem endlosen Teufelskreis von Erschöpfung und schlechtem Schlaf.

Müdigkeit und Erschöpfung wirken sich unmittelbar auf deine Fähigkeit aus, deine Emotionen zu regulieren. Wenn du übermüdet bist, fällt es dir schwer, klare Gedanken zu fassen und rationale Entscheidungen zu treffen. Du reagierst impulsiver, bist weniger geduldig und verlierst schneller die Kontrolle über deine Emotionen. Dein Energielevel ist im Keller und das wirkt sich direkt auf deine Leistungsfähigkeit aus.

Liebe Leserin, lass mich dir von den gefährlichen Abgründen erzählen, die dich erwarten, wenn Müdigkeit und Erschöpfung an deine Tür klopfen. Stell dir vor, du stehst vor einem Spiegel, die Augenringe so tief, dass sie als Koffer für den nächsten Urlaub durchgehen könnten. Du siehst aus wie ein wandelnder Zombie, der versehentlich den Knopf für den Energiesparmodus gedrückt hat. Dein Gehirn? Es fühlt sich an wie eine geplatzte Luftmatratze - flach, müde und ohne jeglichen Schwung. Jeder Gedanke scheint sich durch eine undurchdringliche Nebelwand zu kämpfen, als wäre es ein Wanderer, der verzweifelt versucht, den klaren Pfad inmitten eines undurchsichtigen Labyrinths zu finden. Rationalität? Fehlanzeige. Impulsivität hat das Zepter übernommen und tanzt einen wilden Takt auf deinen Nervenenden.

Deine Emotionen? Sie sind wie wilde Tiere, die aus ihrem Käfig ausgebrochen sind. Die geringste Kleinigkeit lässt dich aus der Haut fahren wie ein explodierendes Feuerwerk. Dein Lächeln verwandelt sich in ein wütendes Grummeln und deine Geduld schmilzt schneller als ein Eis in der Wüste. Kontrolle? Weit gefehlt. Deine Emotionen haben ein eigenes Leben entwickelt und lassen dich wie eine Marionettenspielerin ohne Fäden dastehen.

Und dann ist da noch deine Leistungsfähigkeit. Sie gleicht einem gebeutelten Schiff auf stürmischer See, bereit, in den Tiefen der Müdigkeit zu versinken. Dein Energielevel ist auf dem Niveau einer lahmen Schildkröte, die versucht, den Mount Everest zu erklimmen. Konzentration? Kein Zeichen. Du starrst auf deinen Bildschirm und siehst nur Buchstaben, die sich wie tanzende Ameisen über den Bildschirm bewegen.

Klingt übertrieben? Dann Kopf hoch! Es gibt Wege, um dem müden Monster Einhalt zu gebieten. Priorisiere deinen Schlaf wie einen VIP-Gast auf einer exklusiven Party. Schaffe dir eine gemütliche Schlafumgebung, in der Kuscheldecken und flauschige Kissen dir eine liebevolle Umarmung schenken. Nimm dir Zeit für Entspannung und gönn dir eine Wellness-Auszeit, um deine Batterien aufzuladen. Denn wenn du ausgeruht bist, liebe Leserin, wirst du wie ein Phönix aus der Asche aufsteigen. Du wirst deine Gedanken schärfen wie ein Samurai sein Schwert und klare Entscheidungen treffen wie ein Schachmeister. Deine Emotionen werden sich zu einem harmonischen Orchester vereinen und deine Leistungsfähigkeit wird erstrahlen wie ein atemberaubendes Feuerwerk am Nachthimmel.

Also lass dich nicht von Müdigkeit und Erschöpfung unterkriegen. Mach dich bereit, dem Schlafmonster clever auszuweichen und dich als erfrischte, energiegeladene Emotionsmeisterin zu behaupten. Dein Team wartet auf dich und du wirst sie mit deiner strahlenden Energie ermutigen, über sich hinauszuwachsen.

**Bedeutung von Ruhe und Erholung für die Stärkung der Selbstregulation**

Nun fragst du dich vielleicht, wie du diesem Teufelskreis entkommen und deine Selbstregulation stärken kannst. Die Antwort liegt in der Bedeutung von Ruhe und Erholung. Indem du bewusst auf deinen Körper und Geist hörst und ihnen die dringend benötigte Ruhe gönnst, ermöglichst du es dir, deine Selbstregulation auf ein neues Level zu bringen.

Denk daran, dass Selbstregulation nicht nur bedeutet, deine Emotionen in stressigen Momenten zu kontrollieren, sondern auch proaktiv für deine körperliche und geistige Gesundheit zu sorgen. Eine ausreichende Erholung ist dabei von entscheidender Bedeutung. Wenn du dich nicht ausreichend erholst, wirst du schnell an deine Grenzen stoßen und deine Selbstregulation wird darunter leiden.

Stell dir vor, du bist ein Auto, das ununterbrochen mit Höchstgeschwindigkeit über die Autobahn rast. Du drückst das Gaspedal bis zum Anschlag und vernachlässigst dabei die Tankstellen auf deinem Weg. Irgendwann wirst du merken, dass dein Tank immer leerer wird und du nicht mehr die gleiche Power hast wie zu Beginn der Fahrt. Du fährst auf der Felge und dein Motor beginnt zu stottern. Genau das passiert, wenn du keine ausreichende Ruhe und Erholung in deinem Leben zulässt.

Ruhe und Erholung sind wie die Tankstellen, die deinen inneren Motor wieder auftanken. Sie ermöglichen es dir, wieder mit voller Power und Energie durchzustarten. Das kann bedeuten, dass du dir bewusst Pausen gönnst, um abzuschalten und deine Batterien aufzuladen. Vielleicht gönnst du dir ein beruhigendes Bad, Zeit in der Natur oder einfach nur eine entspannende Tasse Tee. Zusätzlich könntest du auch Atemübungen in deine Routine integrieren, um deine Entspannungsfähigkeit zu steigern. Indem du bewusst tief ein- und ausatmest, kannst du deine Aufmerksamkeit auf den gegenwärtigen Moment lenken und eine beruhigende Wirkung auf Körper und Geist erzielen.

Diese kleinen Auszeiten sind wie magische Zaubersprüche, die deine Selbstregulation stärken und dir dabei helfen, den Herausforderungen des Alltags mit Leichtigkeit zu begegnen.

Denk auch daran, dass Erholung nicht nur während der Arbeitszeit wichtig ist, sondern auch außerhalb. Wenn du deine Freizeit ständig mit Arbeit und Verpflichtungen füllst, wirst du nie die nötige Erholung finden. Nimm dir Zeit für dich selbst, um deine Hobbys und Interessen zu pflegen. Mache Dinge, die dich glücklich machen und dir Energie schenken. Ob es das Hören deiner Lieblingsmusik, das Treffen mit lieben Freunden oder das Ausprobieren einer neuen Sportart ist - finde heraus, was dich entspannt und erfrischt. Hier sind weitere praktische Beispiele:

- **Power-Napping:** Gönn dir eine kurze Auszeit während des Tages, um deinem Körper und Geist eine erholsame Pause zu geben. Schließe für 10 bis 20 Minuten deine Augen und tauche ein in ein Land der Träume. Wenn du wieder aufwachst, wirst du dich erfrischt fühlen und bereit sein, die Welt mit neuer Energie zu erleben.

- **Entspannungstechniken:** Probier verschiedene Entspannungstechniken aus, um deine innere Harmonie wiederzufinden. Ob Yoga, Meditation oder tiefes Atmen - finde heraus, was dich entspannt und zur Ruhe bringt. Diese Praktiken helfen dir, den Stress abzubauen und deine Selbstregulation zu stärken.

- **Naturerlebnis:** Entfliehe dem Büroalltag oder dem Großstadtdschungel und gönn dir einen Ausflug in die Natur. Tauche ein in grüne Landschaften, atme frische Luft und spüre die Erde unter deinen Füßen. Die Natur hat eine wunderbare beruhigende Wirkung und hilft dir, neue Energie zu tanken.

- **Digitale Detox:** Schalte bewusst ab und verbanne für eine gewisse Zeit alle digitalen Ablenkungen. Leg dein Smartphone beiseite, sag „Auf Wiedersehen“ zu E-Mails und Social Media. Nutze diese Zeit, um dich auf dich selbst zu konzentrieren, dich mit lieben Menschen zu verbinden oder ein Buch zu lesen. Du wirst erstaunt sein, wie befreiend es ist, dem digitalen Trubel zu entkommen und deine Selbstregulation zu stärken.

Indem du Ruhe und Erholung in dein Leben integrierst, wirst du bemerken, wie sich deine Selbstregulation verbessert. Du wirst mit einem strahlenden Lächeln durch den Tag gehen und deine Aufgaben mit Leichtigkeit erledigen. Du wirst dich fühlen wie eine Superheldin, die ihre Superkräfte zurückerlangt hat. Also gönn dir diese wohlverdiente Ruhe und Erholung und lass deine Selbstregulation aufblühen wie ein bunter Garten voller Kraft und Harmonie.

## Empfehlungen zur Verbesserung des Schlafs und der Energiebilanz

Ich möchte dir nun einige Empfehlungen geben, wie du deinen Schlaf verbessern und deine Energiebilanz wieder ins Gleichgewicht bringen kannst. Denke daran, dass es hier um deine Selbstregulation geht - um deine Fähigkeit, deine Emotionen zu steuern und erfolgreich zu sein. Hier sind wichtige Punkte:

- **Priorisiere deinen Schlaf:** Setze klare Grenzen für deine Arbeitszeiten und schaffe eine regelmäßige Schlafenszeit. Gib dir selbst die Erlaubnis, auszuschlafen und die nötige Ruhe zu bekommen, die dein Körper und Geist brauchen.
- **Schaffe eine entspannende Schlafumgebung:** Sorge für eine angenehme Atmosphäre in deinem Schlafzimmer. Achte auf eine angenehme Raumtemperatur, verdunkle den Raum und nutze Entspannungstechniken wie Meditation oder Atemübungen, um zur Ruhe zu kommen.
- **Entwickle eine Abendroutine:** Schaffe eine Routine vor dem Schlafengehen, um deinen Körper auf den Schlaf vorzubereiten. Vermeide elektronische Geräte, bevor du ins Bett gehst und finde stattdessen Aktivitäten, die dich entspannen, wie ein warmes Bad, das Lesen eines Buches oder das Führen eines Tagebuchs.
- **Achte auf deine Ernährung:** Vermeide schwere Mahlzeiten und den Konsum von koffeinhaltigen Getränken am Abend. Selbst wenn du damit gut einschlafen kannst, kann der Konsum von koffeinhaltigen Getränken dennoch die Schlafqualität beeinflussen, weil er den Tiefschlaf oder die Schlafdauer verkürzt. Dies liegt daran, dass die Halbwertszeit von Koffein im Durchschnitt etwa fünf bis sechs Stunden beträgt.

- **Stressmanagement:** Lerne, mit Stress umzugehen und deine Sorgen und Gedanken vor dem Zubettgehen loszulassen. Es gibt verschiedene Techniken wie die progressive Muskelentspannung oder das Praktizieren von Achtsamkeitsübungen, die dir helfen können, dein Stressniveau zu senken und deinen Geist zu beruhigen.
- **Regelmäßigkeit:** Versuche, einen regelmäßigen Schlafrhythmus zu etablieren, indem du zu ähnlichen Zeiten ins Bett gehst und aufwachst, auch an Wochenenden. Dies hilft deinem Körper, einen natürlichen Schlafrhythmus zu entwickeln und sich auf eine konsistente Schlafenszeit einzustellen.

Lass mich dir ein berührendes Beispiel geben, das verdeutlicht, warum Müdigkeit und Erschöpfung nicht auf die leichte Schulter genommen werden dürfen. Stell dir vor, du bist eine erfolgreiche Führungskraft in einer internationalen Firma. Du arbeitest hart, oft bis spät in die Nacht, um den steigenden Anforderungen gerecht zu werden. Deine Tage sind vollgepackt mit Meetings, Entscheidungen und strategischen Überlegungen. Du fühlst dich ständig unter Druck, immer erreichbar und produktiv zu sein. Inmitten dieses hektischen Alltags bemerkst du allmählich, dass du dich erschöpft fühlst. Deine Nächte sind von unruhigem Schlaf geprägt, in dem du immer wieder aufwachst und dir Sorgen machst. Morgens fühlst du dich wie gerädert und kannst kaum aus dem Bett kommen. Deine Energie ist erschöpft und dein Körper ist verspannt. Du spürst, wie sich deine Selbstregulation verschlechtert.

Eines Tages stehst du vor einer wichtigen Präsentation vor dem Vorstand. Du weißt, dass du dein Bestes geben musst, um zu überzeugen und erfolgreich zu sein. Doch in dem Moment, als du vor die Tür trittst, um in den Konferenzraum zu gehen oder bereit bist, dich in die Teams-Sitzung einzuloggen, versagt dir plötzlich die Stimme. Dein Geist ist leer und du kannst dich nicht mehr konzentrieren. Panik steigt in dir auf und du kannst nichts dagegen tun. Die Müdigkeit hat dich eingeholt und deine Selbstregulation außer Gefecht gesetzt.

In diesem Moment wird dir schmerzhaft bewusst, dass deine Müdigkeit und Erschöpfung nicht nur deine Leistungsfähigkeit beeinflussen, sondern auch deine Glaubwürdigkeit und den Respekt, den du von anderen erhältst. Du erkennst, dass du nicht weiterhin über deine Grenzen gehen kannst, ohne negative Konsequenzen zu erfahren.

Jetzt stell dir vor, du hättest rechtzeitig erkannt, wie wichtig es ist, deine Müdigkeit und Erschöpfung ernst zu nehmen und Maßnahmen zu ergreifen, um deine Selbstregulation zu stärken. Wenn du bewusst auf deine Ruhe und Erholung achtest, gönnst du dir ausreichend Schlaf und schaffst Pausen im Alltag. Du bist in der Lage, deine Energiebilanz aufrechtzuerhalten und deine Selbstregulation zu unterstützen.

Und so stehst du erneut vor der Präsentation vor dem Vorstand. Dieses Mal fühlst du dich anders. Du bist ausgeruht, fokussiert und voller Energie. Du strahlst

Selbstvertrauen aus und bist in der Lage, deine Emotionen in Schach zu halten. Deine Präsentation gelingt dir mühelos und du überzeugst das gesamte Gremium mit deiner Professionalität und Klarheit.

Dieses Beispiel verdeutlicht die bedeutsame Rolle, die Müdigkeit und Erschöpfung in Bezug auf unsere Selbstregulation spielen. Es zeigt, wie sich die Vernachlässigung unserer Erholung auf unsere Fähigkeit auswirkt, unsere Emotionen zu kontrollieren und erfolgreich zu sein. Nutze dieses Beispiel als Inspiration, um die Wichtigkeit der Selbstregulation zu erkennen und die nötigen Schritte zu unternehmen, um Müdigkeit und Erschöpfung zu überwinden. Du wirst feststellen, wie sich dies positiv auf dein berufliches und persönliches Leben auswirkt.

Denke daran, dass du die Verantwortung für deine Selbstregulation und dein Wohlbefinden trägst. Indem du auf deine Müdigkeit und Erschöpfung achtest und bewusst Maßnahmen ergreifst, um deine Energiebilanz auszugleichen, schaffst du eine solide Grundlage für deine Selbstregulation. Du wirst feststellen, wie sich dein emotionales Gleichgewicht verbessert und du in der Lage bist, auch in herausfordernden Situationen ruhig und fokussiert zu bleiben.

Nun ist es an der Zeit, auf diese Reise der Stärkung deiner Selbstregulation weiter voranzuschreiten. Erkenne die Wichtigkeit der Selbstregulation, fühle ihre Auswirkungen auf dein Leben und sei bereit, die nötigen Schritte zu unternehmen, um deine Müdigkeit und

Erschöpfung in den Griff zubekommen. Deine Emotionen werden es dir danken und du wirst als inspirierende weibliche Führungskraft strahlen.

Kapitel 7

# Faktor 5: Das Paradigma: der unsichtbare Rahmen, der deine Handlungen bestimmt

## Wie das Paradigma die Selbstregulation beeinflusst

Der fünfte Faktor, der die Selbstregulation wie kein anderer beeinflusst ist das Paradigma. Das Paradigma sind unbewusste Überzeugungen und Erwartungen, die während deiner Kindheit tief im Unterbewusstsein gespeichert wurden. Es ist wie ein Rahmen, der deine Wahrnehmung formt und dein Verhalten und deine Handlungen lenkt, ohne dass du es bewusst wahrnimmst. Es ist wie ein Set-Point, der immer wieder auf die gleiche Einstellung zurückkehrt, selbst wenn du dir Veränderungen wünschst.

Dein Selbstbild ist ebenfalls ein wesentlicher Bestandteil des Paradigmas. Es definiert, wie du dich selbst siehst und was du für möglich hältst. Das Paradigma setzt Grenzen für dein Denken und Handeln und hält dich oft davon ab, dein volles Potenzial auszuschöpfen. Es ist wie eine unsichtbare Barriere, die dich daran hindert, über deine bisherigen Grenzen hinauszugehen.

Stell dir das Paradigma wie eine unsichtbare Brille vor, die du ständig trägst. Durch diese Brille siehst du die Welt und dich selbst. Du kannst dein Selbstbild nicht überbieten, aber du hast die Möglichkeit, es zu erweitern. Das Paradigma wirkt wie ein automatischer Regelmechanismus, der dich immer wieder zum Ausgangspunkt zurückführt, ohne dass du ihn bewusst veränderst.

Das Paradigma beeinflusst auch deine Fähigkeit zur Selbstregulation. Es ist wie eine innere Stimme, die dir sagt, wie du dich fühlen und wie du auf bestimmte Situationen reagieren sollst. Es kann dich einschränken und verhindern, dass du neue Wege beschreitest. Lass mich dir anhand eindrücklicher Beispiele verdeutlichen, wie dein Paradigma deine Selbstregulation beeinflusst.

Stell dir vor, du hast das Paradigma entwickelt, dass Wut ein Zeichen von Schwäche ist und unterdrückst daher diese Emotion immer wieder. Das kann dazu führen, dass du in Konfliktsituationen nicht angemessen reagieren kannst. Du kannst deine wahren Bedürfnisse und Gefühle nicht ausdrücken, was zu einer zunehmenden Frustration und Unzufriedenheit führt.

Ein weiteres Beispiel ist das Paradigma, dass Perfektion der einzige Maßstab für Erfolg ist. Wenn du ständig danach strebst, alles perfekt zu machen, setzt du dich unter enormen Druck und erlebst möglicherweise chronischen Stress. Du bist nie zufrieden mit deinen Leistungen, da der Maßstab immer höher gelegt wird. Dadurch beeinträchtigst du deine Fähigkeit, dich selbst zu regulieren und ein gesundes Gleichgewicht in deinem Leben zu finden. Dein derzeitiges Paradigma verhindert effektive Veränderungen im Umgang mit Emotionen. Du machst möglicherweise Fortschritte, aber diese sind mühselig und vorübergehend. Das Paradigma hält dich zurück und bringt dich immer wieder auf den vertrauten Set-Point zurück.

Ein weit verbreitetes Paradigma ist, dass Erfolg nur durch harte Arbeit und Opfer erreicht werden kann. Wenn du diesem Glauben folgst, wirst du dich möglicherweise dazu verpflichten, unermüdlich zu arbeiten und deine persönlichen Bedürfnisse sowie deine Beziehungen zu vernachlässigen. Du könntest dich überfordert fühlen und ein ständiges Gefühl der Unzufriedenheit erleben, da du nie das Gefühl hast, genug zu tun oder genug zu erreichen.

Ein weiteres Paradigma, das viele Frauen betreffen kann, ist die Vorstellung, dass Selbstfürsorge egoistisch ist. Wenn du dieses Paradigma verinnerlicht hast, wirst du deine eigenen Bedürfnisse hinten anstellen und dich selbst vernachlässigen. Du könntest dich ausgelaugt fühlen und dich selbst immer wieder überfordern, um für andere da zu sein. Dadurch leidet nicht nur deine eigene Gesundheit und dein Wohlbefinden, sondern auch deine Fähigkeit, effektiv zu führen und für dein Team da zu sein.

Ein weiteres Beispiel ist das Paradigma, dass beruflicher Erfolg auf Kosten der Familie oder persönlichen Beziehungen geht. Wenn du glaubst, dass du dich zwischen einer erfolgreichen Karriere und einem erfüllten Familienleben entscheiden musst, wirst du dich möglicherweise in einem ständigen Konflikt befinden. Du könntest das Gefühl haben, dass du dich nie genug engagieren kannst, sei es im Beruf oder in der Familie und dich dadurch gestresst und schuldig fühlen.

Oder nehmen wir an, du hast das Paradigma entwickelt, dass du nicht gut genug bist und dass andere Menschen immer besser und kompetenter sind als du. Dieses Paradigma kann dazu führen, dass du dich in deiner Rolle als Führungskraft unsicher fühlst und dich ständig auf negative Weise mit anderen oder deinen eigenen Idealvorstellungen vergleichst. Du könntest dich selbst sabotieren, indem du deine eigenen Fähigkeiten und Leistungen herabspielst oder dich zurückhältst, aus Angst, dass du nicht den Erwartungen gerecht wirst.

Dieses Paradigma kann dich in einem Teufelskreis der Selbstzweifel gefangenhalten. Du könntest dich selbst übermäßig kritisieren und dich immer wieder fragen, ob du wirklich qualifiziert genug bist, um diese Position zu bekleiden. Dadurch könntest du dich in Meetings oder Entscheidungsprozessen zurückhalten, weil du glaubst, dass andere bessere Ideen oder Lösungen haben. Oder wenn du dich zu Wort meldest, könntest du deine Beiträge als ungenügend abwerten.

Dieses Paradigma wirkt sich auch auf deine zwischenmenschlichen Beziehungen aus. Du könntest dich zurückziehen und Schwierigkeiten haben, dich anderen gegenüber zu öffnen, da du befürchtest, dass sie deine vermeintliche Inkompetenz erkennen könnten. Dadurch könntest du dich isoliert fühlen und es könnte schwierig für dich sein, eine vertrauensvolle und unterstützende Beziehung zu deinem Team aufzubauen. Es ist wichtig zu erkennen, dass dieses Paradigma deine Wahrnehmung von dir selbst und deine Handlungen beeinflusst. Es hält dich davon ab, dein volles Potenzial auszuschöpfen und dich selbstbewusst und authentisch in deiner Rolle als Führungskraft zu zeigen.

Die Crux des Paradigmas liegt darin, dass du genau weißt, was du tun solltest oder möchtest, aber dennoch dich anders verhältst oder es nicht umsetzt. Du fragst dich vielleicht, warum dir die Motivation fehlt oder warum du nicht diszipliniert genug bist, um deine Ziele zu erreichen. Du zweifelst vielleicht daran, ob es überhaupt für dich bestimmt ist. Aber lass mich dir sagen: Es liegt nicht an deiner Motivation, deiner Disziplin oder deinem Schicksal. Es ist dein Paradigma, das dich zurückhält. Stell dir vor, du weißt genau, dass du deine Emotionen besser regulieren solltest, aber immer wieder findest du dich in Situationen wieder, in denen du impulsiv reagierst. Das Paradigma hält dich gefangen und verhindert, dass du langfristige Veränderungen erzielst.

Denke an den Moment, in dem du erkennst, dass du deine Ängste überwinden musst, um beruflich voranzukommen. Du kennst die Schritte, die du unternehmen musst, aber dein Paradigma hält dich zurück. Es ist wie ein unsichtbarer Schleier, der dich daran hindert, dein volles Potenzial zu entfalten.

Einschränkende Paradigmen sind ein Mangel an Bewusstsein. Um sie zu verändern, musst du dein Bewusstsein erweitern. Nehmen wir an, du weißt genau, wie du von einem Ort zum anderen kommst, aber plötzlich sind dir die Augen verbunden. Du verlierst die Orientierung und verfehlst den richtigen Weg. Das Gleiche geschieht mit deinem Paradigma – es verhindert, dass du das tust, was du eigentlich wissen solltest.

Es ist wichtig zu verstehen, dass du mit deinem bestehenden Paradigma zwar Fortschritte machen kannst, aber nur mühselig und vorübergehend. Wenn du langanhaltende Veränderungen erzielen möchtest, musst du das Paradigma selbst verändern. Die gute Nachricht ist, dass du die Macht hast, dein Paradigma zu beeinflussen und zu erweitern. Es ist nicht in Stein gemeißelt. Es ist nicht dein Schicksal. Es ist nur eine Sammlung von Überzeugungen und Erwartungen, die in der Vergangenheit entstanden sind und dich bis heute beeinflussen.

Wenn du verstehst, dass es dein Paradigma ist, das dich davon abhält, deine Ziele zu erreichen, kannst du anfangen, es zu durchbrechen. Du kannst beginnen, deine Überzeugungen zu hinterfragen und neue, unterstützende Überzeugungen zu entwickeln. Du kannst bewusste Entscheidungen treffen, um neue Überzeugungen zu integrieren und alte Muster loszulassen.

Es ist wie eine Befreiung, wenn du erkennst, dass du nicht länger an dein altes Paradigma gebunden bist. Du kannst dich davon lösen und ein neues Paradigma schaffen, das dich vorantreibt und dich in die Richtung deiner Ziele und Träume führt. Sei bereit, deine Überzeugungen herauszufordern und dein Paradigma zu erweitern. Du hast die Fähigkeit, dich selbst neu zu definieren und eine starke, selbstbewusste Führungskraft zu sein, die ihre eigene Einzigartigkeit und Stärke schätzt. Indem du dein Paradigma änderst, kannst du langfristige Veränderungen in deinem Umgang mit Emotionen und in deinem beruflichen Erfolg erreichen. Sei mutig und tritt aus deinem alten Paradigma heraus. Befreie dich von den Ketten, die dich zurückhalten. Und erlaube dir selbst, zu wachsen, zu blühen und das Leben zu leben, das du dir wünschst.

## Die unsichtbare Brille absetzen: Das Bewusstsein für dein Paradigma entwickeln

Stell dir vor, du gehst in ein Kaufhaus, um ein neues Outfit zu finden. Du gehst von Abteilung zu Abteilung, betrachtest die verschiedenen Kleidungsstücke und entscheidest dich schließlich für ein modisches, aber dennoch bequemes Ensemble. Du bist überzeugt, dass du einen guten Geschmack hast und dich gut gekleidet fühlst.

Aber halt! Was wäre, wenn dir plötzlich bewusst wird, dass du eine ganze Zeit lang mit einer Brille herumgelaufen bist, die deine Sicht verschwommen hat? Du hättest nie bemerkt, dass die Farben verblasst sind und die Muster verwischt. Das Bewusstsein für diese verzerrende Brille würde alles verändern, nicht wahr?

Genauso ist es mit unserem Paradigma. Es ist wie eine unsichtbare Brille, die wir Tag für Tag tragen, ohne es zu merken. Es formt unsere Wahrnehmung, beeinflusst unser Denken und lenkt unsere Handlungen. Es kann uns daran hindern, das volle Potenzial unserer Selbstregulation auszuschöpfen. Aber wie können wir diese unsichtbare Brille überhaupt erkennen? Wie können wir das Bewusstsein für unser Paradigma entwickeln? Eine Möglichkeit besteht darin, dich selbst kritisch zu fragen, warum du bestimmte Überzeugungen hast, warum du in bestimmten Situationen immer wieder auf dieselbe Weise reagierst. Sei neugierig und offen für neue Perspektiven. Es ist wichtig zu beachten, dass im Kindesalter die Überzeugungen von einflussreichen Menschen wie den Eltern und anderen maßgeblichen Bezugspersonen ungefiltert in dein Unterbewusstsein gelangen und dort gespeichert werden.

Du könntest sogar ein kleines Experiment machen: Nimm dir einen Tag Zeit, um bewusst deine Gedanken, Emotionen und Handlungen zu beobachten. Frage dich, ob sie von deinem Paradigma beeinflusst werden könnten. Vielleicht wirst du überrascht sein, wie sehr du von bestimmten Überzeugungen geprägt bist, ohne es zu merken.

Wenn du das Bewusstsein für dein Paradigma entwickelst, öffnest du die Tür zu einer Welt voller Möglichkeiten. Du erkennst, dass du nicht an deine alten Denkmuster gebunden bist, sondern sie bewusst hinterfragen und verändern kannst. Du kannst neue Wege erkunden, die dir helfen, deine Selbstregulation zu stärken und dich zu einer noch effektiveren Führungskraft zu entwickeln. Es beginnt alles mit einer Entscheidung: Nämlich, dich nicht länger von deinem Paradigma begrenzen zu lassen.

## Neue Horizonte entdecken: Effektive Wege, um das Paradigma zu überwinden

Jetzt, da du dir bewusst geworden bist, dass dein Paradigma dein Verhalten und deine Handlungen - und somit deine Ergebnisse - beeinflusst, ist es an der Zeit, die unsichtbaren Grenzen zu überwinden und dein Paradigma zu erweitern und neu zu gestalten. Du hast das Potenzial, deine Sichtweise zu erweitern und neue Wege zu gehen.

Der erste und entscheidende Schritt auf dem Weg zur Überwindung des Paradigmas besteht darin, dir bewusst zu werden, welche Überzeugungen dich begrenzen. Nimm dir bewusst Zeit für eine innere Reflexion und frage dich ehrlich, welche Denkmuster dich bisher geprägt haben und wie sie dein Verhalten und Handeln beeinflusst haben. Sei offen und ehrlich zu dir selbst, denn nur durch diese Selbstreflexion kannst du erkennen, dass du weit mehr Potenzial in dir trägst, als du bisher angenommen hast.

Der nächste Schritt erfordert Mut, alte Überzeugungen herauszufordern und zu hinterfragen. Stelle dir die Frage, ob diese Überzeugungen noch relevant und hilfreich für dich sind oder ob sie dich nur limitieren. Oft halten wir aus Gewohnheit an Überzeugungen fest, die uns längst nicht mehr dienen und uns daran hindern, auf die nächste Ebene zu gelangen. Habe den Mut, diese alten Überzeugungen in Frage zu stellen. Wage es, über den Tellerrand zu schauen und neue Denkmuster zu erkunden. Indem du dich für neue

Möglichkeiten öffnest, öffnest du gleichzeitig Türen zu einem erweiterten Bewusstsein und neuen Wegen des Denkens.

Eine der wirkungsvollsten Strategien zur Erweiterung und Neugestaltung deines Paradigmas ist es, dich neuen Erfahrungen und Perspektiven zu öffnen. Begib dich auf Entdeckungsreise und suche bewusst nach Situationen, die dich herausfordern und neue Denkweisen erfordern. Tritt aus deiner Komfortzone heraus und begegne Menschen, die unterschiedliche Meinungen und Ansichten haben. Lass dich auf inspirierende Gespräche ein und sei bereit, deine eigenen Überzeugungen zu hinterfragen.

Ein weiterer wichtiger Schritt ist es, dein Selbstbild zu überdenken und zu erweitern. Du bist nicht auf ein bestimmtes Bild von dir selbst festgelegt. Du hast die Möglichkeit, dein Selbstbild bewusst zu formen und dich als eine kompetente, kraftvolle und authentische Führungskraft zu sehen. Erlaube dir, in dich selbst zu investieren und deine Stärken zu erkennen. Vertraue auf deine Fähigkeiten und sei bereit, dich weiterzuentwickeln.

Es ist wichtig zu verstehen, dass das Überwinden des Paradigmas kein einmaliger Akt ist, sondern ein kontinuierlicher Prozess. Es erfordert Ausdauer, Geduld und die Bereitschaft, immer wieder neue Wege zu gehen und dich auf Veränderungen einzulassen. Es kann auch hilfreich sein, dir Unterstützung zu suchen, sei es in Form eines Coaches, Mentors oder einer Gemeinschaft von Gleichgesinnten, die ebenfalls daran arbeiten, ihre Paradigmen zu überwinden. Der Austausch mit anderen kann nicht nur ermutigend sein, sondern auch neue Perspektiven und Lösungsansätze bieten.

Wenn du dich bewusst mit deinen Überzeugungen auseinandersetzt, alte Denkmuster herausforderst und dich für neue Wege öffnest, legst du den Grundstein für eine erweiterte Selbstregulation und ein erfüllteres Leben als weibliche Führungskraft. Lass dich nicht von der Angst vor Veränderung zurückhalten, sondern erkenne die Chancen, die sich dir bieten, wenn du dein Paradigma erweiterst. Trau dich, neue Denkmuster zu erkunden und neue Horizonte zu entdecken. Sei mutig, sei neugierig und vertraue auf deine Fähigkeiten. Die Veränderung beginnt bei dir und du hast die Macht, dein Paradigma zu überwinden und deine Selbstregulation zu stärken.

Und nicht zuletzt, sei geduldig und liebevoll mit dir selbst. Veränderungen können Zeit brauchen und es ist normal, dass du anfänglich immer wieder auf alte Denkmuster zurückfällst. Erlaube dir Fehler zu machen und aus ihnen zu lernen. Sei offen für Wachstum und Veränderung. Du hast das Potenzial, über dich selbst hinauszuwachsen und deine wahre Größe zu entfalten. Ergreife diese Chance und werde zur Gestalterin deines eigenen Lebens.

Kapitel 8

# Selbstregulation im beruflichen Alltag

## Selbstregulation in Meetings und bei schwierigen Gesprächen

Meetings und schwierige Gespräche sind oft der Test für unsere emotionale Selbstregulation. Als weibliche Führungskraft kennst du sicherlich die Situationen, in denen Meinungsverschiedenheiten, Spannungen und Konflikte aufkommen. In solchen Momenten ist es entscheidend, dass du die Kontrolle über deine Emotionen behältst und einen klaren Kopf bewahrst.

Stell dir vor, du befindest dich in einem wichtigen Meeting, in dem verschiedene Interessen und Standpunkte aufeinandertreffen. Die Atmosphäre ist gespannt und die Emotionen fliegen hoch. In diesem Moment kannst du dich entscheiden, entweder von deinen Emotionen überwältigt zu werden oder deine Selbstregulation zu nutzen, um die Situation zu lenken.

Indem du deine Emotionen unter Kontrolle hältst, kannst du einen sicheren Raum schaffen, in dem alle Beteiligten gehört werden und konstruktive Lösungen gefunden werden können. Du behältst die Übersicht, bleibst ruhig und gelassen und führst das Meeting mit Empathie und Weisheit. Du erkennst die Bedürfnisse und Motivationen der Menschen hinter den Worten und findest gemeinsame Interessen. Als weibliche Führungskraft bist du eine wahre Heldin in Meetings und schwierigen Gesprächen. Du lässt dich nicht einschüchtern, sondern ergreifst die Initiative, um eine Atmosphäre des Respekts und der Konstruktivität zu schaffen.

Nun, nachdem wir die Bedeutung der Selbstregulation in Meetings ergründet haben, ist es an der Zeit, einen Blick auf weitere Aspekte des Führungsalltags zu werfen. Denn als Führungskraft warten viele weitere Situationen, in denen deine emotionale Selbstregulation gefragt ist.

Stell dir vor, du befindest dich in einem schwierigen Gespräch, in dem du Entscheidungen treffen musst, die nicht jedem gefallen werden. Die Stimmung ist angespannt und die Emotionen brodeln. In solchen Momenten kannst du deine Selbstregulation nutzen, um die Ruhe zu bewahren und einen klaren Kopf zu behalten.

Indem du deine Emotionen im Zaum hältst, schaffst du einen Raum der Offenheit und des Verständnisses. Du lässt dich nicht von den emotionalen Ausbrüchen anderer mitreißen, sondern bleibst fokussiert und einfühlsam. Du bist wie eine Ankerfrau in einem stürmischen Meer, die Stabilität und Orientierung bietet. Du verstehst, dass schwierige Gespräche auch Chancen sind, um Missverständnisse auszuräumen und Beziehungen zu stärken. Mit deiner Selbstregulation und deinem Einfühlungsvermögen findest du den richtigen Ton und die passenden Worte, um auch schwierige Themen konstruktiv anzusprechen. Du bist eine Meisterin der Kommunikation, die Brücken baut und Vertrauen schafft. Am Ende des Gesprächs verlässt du den Raum mit einem Gefühl der Zufriedenheit. Du hast nicht nur eine schwierige Situation gemeistert, sondern auch den Grundstein für positive Veränderungen gelegt. Als weibliche Führungskraft bist du eine Inspiration für andere, wie sie mit Selbstregulation und Empathie schwierige Gespräche erfolgreich meistern.

Also, liebe Heldin der Selbstregulation, sei stolz auf deine Fähigkeit, Meetings zu meistern und schwierige Gespräche zu führen. Lass dich nicht von den Herausforderungen entmutigen, sondern nutze deine Superkräfte, um eine positive Veränderung zu bewirken. Du bist eine Vorbildfigur, die mit Weisheit, Führung und emotionaler Stärke andere inspiriert.

## Umgang mit Stress und Druck

Stress und Druck sind in der Welt der Führung allgegenwärtig. Deadlines, hohe Erwartungen und die Verantwortung für das Wohl deines Teams können zu einer starken Belastung werden. Doch auch in diesen herausfordernden Momenten ist es die Selbstregulation, die dir den entscheidenden Vorteil verschafft.

Stell dir vor, du stehst an der Spitze eines Berges von Aufgaben und der Druck lastet schwer auf deinen Schultern, als hättest du einen Stapel riesiger Wassermelonen zu tragen. Die Gedanken rasen wie ein Formel-1-Rennen in deinem Kopf und deine Emotionen drohen, wie Feuerwerkskörper in alle Richtungen zu explodieren. Aber halt! Hier kommt deine innere Superheldin zum Einsatz! Atme tief ein und aus, als ob du die frische Meeresbrise an einem einsamen Strand genießt, während die Wellen sanft an deine Füße spülen. Mit jedem Atemzug spürst du, wie sich die Last auf deinen Schultern langsam, aber sicher verringert. Die Wassermelonen werden zu winzigen Beeren, die du mühelos jonglieren kannst. Deine Gedanken klären sich wie der blaue Himmel nach einem heftigen Gewitter und deine Emotionen tanzen synchron wie eine perfekte Choreographie.

Und dann geschieht das Unglaubliche: Du bewahrst die Ruhe und Klarheit wie eine furchtlose Königin. Du betrachtest die Situation wie eine Meisterdetektivin, die jedes Rätsel knackt und die optimale Lösung findet. Deine klugen Entscheidungen fließen wie ein sprudelnder Wasserfall, während du dem Stress mit deiner Selbstregulation den Kampf ansagst.

Die positiven Auswirkungen sind unverkennbar! Du strahlst wie ein funkelnder Diamant im Scheinwerferlicht, der alle Augen auf sich zieht. Du behältst die Kontrolle und findest kreative Lösungen, die selbst Leonardo da Vinci vor Neid erblassen lassen würden. Deine Teammitglieder schauen zu dir auf wie zu einer inspirierenden Leitfigur, die ihnen den Weg durch den Sturm weist.

Und weißt du, was das Beste daran ist? Du fühlst dich nicht nur wie eine Heldin der Selbstregulation, sondern du bist es auch! Du meisterst den Stress und den Druck mit Leichtigkeit und bewahrst dabei deine einzigartige Weiblichkeit. Du bist wie eine Magierin, die mit einem geheimen Zauberspruch den Stress in puren Erfolg verwandelt.

Also furchtlose Meisterin der Selbstregulation, stehe stolz da, atme tief ein und erinnere dich daran, dass du jede Herausforderung bewältigen kannst. Lass dich nicht von den Wirbelstürmen des Alltags einschüchtern, sondern nutze deine Superkräfte der Selbstregulation, um Stress in puren Erfolg zu verwandeln. Du bist eine Inspiration für andere und beweist, dass wahre Stärke im Umgang mit Stress und Druck in dir ruht.

Indem du deine Emotionen regulierst, kannst du einen klaren Kopf bewahren und kluge Entscheidungen treffen, auch unter großem Druck. Du erkennst die Auslöser für deinen Stress und entwickelst Strategien, um damit umzugehen. Du nimmst dir bewusst Auszeiten für Selbstfürsorge und findest gesunde Wege, um mit Stress umzugehen, sei es durch Bewegung, Meditation oder den Austausch mit Vertrauten.

## Konfliktmanagement und emotionale Resilienz

Konflikte sind unausweichlich, besonders in einer Führungsposition. Doch die Art und Weise, wie du mit Konflikten umgehst, kann den Unterschied machen zwischen Eskalation und Lösung. Hier kommt erneut die emotionale Selbstregulation ins Spiel, um dir dabei zu helfen, Konflikte konstruktiv anzugehen und emotionale Resilienz aufzubauen.

Erinnere dich, wie du in der Vergangenheit in einer Situation warst, in der du die Kontrolle über deine Emotionen verloren hast. Vielleicht hast du unüberlegte Worte gesagt oder eine Entscheidung getroffen, die du im Nachhinein bereut hast. Womöglich haben negative Emotionen wie Unsicherheit, Frust oder Zweifel aber auch still in dir ihr Unheil getrieben. Die Auswirkungen waren spürbar: Vertrauensverlust, Spannungen im Team und ein negativer Einfluss auf dein eigenes Wohlbefinden.

Um es in bildhaften Worten auszudrücken, liebe Führungskraft, hatte es sich beinahe so angefühlt, als wärst du auf einem wilden Rodeo-Ritt, ohne Sattel und ohne Aussicht auf ein ruhiges Ende. Deine Worte waren wie explodierende Feuerwerkskörper, die überall Funken sprühten und Verwüstung hinterließen. Es war, als ob du eine riesige Torte voller Ärger und Frustration in das Gesicht deines Gegenübers geschleudert hast, nur um später zu erkennen, dass es deine eigene Torte war. Hoppla! Doch die Auswirkungen waren nicht zu übersehen: Das Vertrauen, das du mühsam aufgebaut hattest, zerbröselte wie ein trockener Keks und die Beziehungen im Team wurden so angespannt, dass du sie mit einem überdehnten Gummiband nach hinten schnalzen konnte.

Und du selbst? Du fühltest dich wie ein Kompass ohne Norden, verloren in einem Labyrinth der Emotionen, ohne den klaren Weg des inneren Friedens vor dir. Aber hey, keine Panik! Diese Vergangenheit liegt hinter dir und du hast die Macht, die Lektionen daraus zu ziehen und zu wachsen. Denn jetzt bist du auf einem anderen Rodeo-Ritt – einem Ritt, auf dem du die Kontrolle über deine Emotionen behältst und die Zügel des Konfliktmanagements fest in der Hand hältst.

Nun stell dir vor, wie sich diese Situation anders entwickelt hätte, wenn du die Selbstregulation beherrscht hättest. Du befindest dich in einem Konflikt mit einem Mitarbeiter, der dich gerade mit einem heißen Kartoffelbrei des Missverständnisses beworfen hat. Deine erste Reaktion wäre vielleicht, den Kartoffelbrei zurückzuwerfen und eine ganze Schlacht der Emotionen zu entfachen. Stopp! Du bist eine weibliche Führungskraft mit der Macht der emotionalen Selbstregulation.

Anstatt den Brei des Konflikts weiter eskalieren zu lassen, entscheidest du dich für einen anderen Ansatz. Du atmest tief durch, als ob du die frische Bergluft auf dem Gipfel eines majestätischen Berges einatmest. Du nimmst einen Moment, um deine Emotionen zu beruhigen und deine Gedanken zu sammeln, als ob du eine zenartige Oase der Ruhe inmitten des Chaos gefunden hast. Mit einem klaren Kopf und einem ruhigen Herzen gehst du auf den Mitarbeiter zu und setzt deine Superkräfte der emotionalen Selbstregulation ein. Du hörst aktiv zu, denn du bist eine professionelle Zuhörerin, die in der Lage ist, die verborgenen Bedürfnisse und Sorgen hinter den Worten zu erkennen.

Und dann, wie ein magischer Zauberstab, setzt du deine Worte ein, um den Konflikt in eine konstruktive Richtung zu lenken. Du bringst Empathie und Verständnis in die Situation ein, indem du die Fähigkeit, die Herzen der Menschen zu berühren und die Wogen der Emotionen zu glätten, ins Spiel bringst. Die positiven Auswirkungen dieses Verhaltens sind unübersehbar. Du schaffst eine Atmosphäre des Respekts und der Offenheit, in der die Konfliktparteien gehört und verstanden werden. Du ermöglichst es, dass Lösungen gefunden werden, die für alle Beteiligten zufriedenstellend sind. Am Ende des Konflikts stehst du da wie eine strahlende Sonne, die die Wolken des Missverständnisses aufgelöst hat. Du hast bewiesen, dass emotionale Selbstregulation und Konfliktmanagement deine Superkräfte sind, die dir helfen, schwierige Situationen mit Leichtigkeit zu meistern und emotionale Resilienz aufzubauen.

Also, liebe Führungskraft, lass deine emotionale Selbstregulation wie ein üppiger Garten erblühen und bringe harmonische Lösungen in die Welt der Konflikte. Du hast das Potenzial, eine wahrhaftige Gärtnerin des Wandels zu sein und eine blühende Zukunft zu gestalten.

Indem du deine Emotionen beherrschst, kannst du empathisch auf die Bedürfnisse und Sorgen anderer Menschen eingehen. Du bleibst offen für verschiedene Perspektiven und bist bereit, Kompromisse einzugehen. Du entwickelst die Fähigkeit, Konflikte in Win-Win-Situationen zu verwandeln und daraus sogar gestärkt hervorzugehen.

Kapitel 9

# Selbstregulation bei der Kommunikation und in zwischenmenschlichen Beziehungen

## Emotionale Intelligenz: Die geheime Sprache der Gefühle

Nun tauchen wir tief ein in die aufregende Welt der Selbstregulation bei der Kommunikation und in zwischenmenschlichen Beziehungen. Schnall dich an, denn wir werden eine Achterbahn der Emotionen erleben, konstruktives Feedback jonglieren und einen beeindruckenden Erfolgstanz auf der Welle der Mitarbeitermotivation hinlegen.

Stell dir vor, du betrittst einen Raum voller Menschen und ihre Emotionen schweben in der Luft wie Seifenblasen bei einem Kindergeburtstag. Einige sind so aufgebracht wie eine Schar wilder Hühner, andere strahlen vor Freude wie eine Discokugel in Vollglanz. Inmitten dieses turbulenten Gefühlskarussells fragst du dich: „Wie um Himmels willen kann ich mich in diesem Gefühlschaos behaupten?"

Willkommen in der Welt der emotionalen Intelligenz, einem Schlüssel zur Selbstregulation in der Kommunikation und in zwischenmenschlichen Beziehungen. Als weibliche Führungskraft ist es von entscheidender Bedeutung, deine eigenen Emotionen zu verstehen und sie bewusst zu steuern, um eine Atmosphäre des Verständnisses und der Zusammenarbeit zu schaffen. Die emotionale Intelligenz ist eine geheime Sprache der Gefühle, die dir helfen wird, die Selbstregulation in der Kommunikation und in zwischenmenschlichen Beziehungen zu meistern. Ja, du hast richtig gehört. Es gibt eine Methode, um den emotionalen Sturm zu navigieren und den Boden für Verständnis und Zusammenarbeit zu bereiten.

Erinnerst du dich an eine Situation, in der du dich von deinen Emotionen hast mitreißen lassen wie eine Lawine, die unaufhaltsam ins Tal rast? Vielleicht hast du in einem hitzigen Moment einem Mitarbeiter gegenüber eine Bemerkung gemacht, die im Nachhinein wie ein heißer Stein auf deinem Gewissen lag. Oder du hast dich von Wut und Frustration leiten lassen und hast ein wichtiges Gespräch in den Sand gesetzt. Diese Momente zeigen uns die Macht unserer Emotionen und die Notwendigkeit, sie in den Griff zu bekommen.

Aber jetzt stell dir vor, wie es wäre, wenn du deine Emotionen wie eine versierte Dirigentin eines Orchesters beherrschst und sie nutzt, um Verbindungen aufzubauen und Konflikte zu lösen. Durch die Stärkung deiner emotionalen Intelligenz wirst du zur Regisseurin deiner eigenen Gefühlswelt. Du wirst in der Lage sein, dich empathisch in andere hineinzuversetzen wie eine Schauspielerin in die Rolle ihres Lebens, ihre Bedürfnisse zu erkennen und eine Kommunikation zu fördern, die so offen und vertrauensvoll ist wie ein Geheimnis, das du mit deiner besten Freundin teilst.

Womöglich fragst du dich, wie du deine emotionale Intelligenz steigern kannst. Beginne damit, deine eigenen Gefühle bewusst wahrzunehmen und zu akzeptieren, als wären sie ein kunterbuntes Kaleidoskop. Lerne, mit ihnen zu jonglieren und sie bewusst zu lenken. Übe dich darin, deine Emotionen zu regulieren, indem du bewusst Pausen einlegst und tief durchatmest. Und vor allem, entwickle Empathie für andere, indem du dich in ihre Schuhe versetzt und versuchst, ihre Sichtweise zu verstehen. Mit dieser Neugierde kannst du eine tiefere Verbindung herstellen und Missverständnisse vermeiden.

Male dir aus, wie es für die betroffenen Menschen gewesen sein mag, in dieser Situation zu sein. Welche Gedanken und Gefühle könnten sie gehabt haben? Welche Herausforderungen oder Belastungen könnten sie gerade erleben, die ihre Reaktion beeinflusst haben könnten? Überlege, welche Bedürfnisse und Wünsche sie haben könnten, die in diesem Moment nicht erfüllt wurden. Bedenke auch, dass ihre Perspektive sich von deiner eigenen weit unterscheiden kann. Wenn du diese Fragen beantwortest und dich in ihre Lage versetzt, kannst du Empathie entwickeln und eine größere Sensibilität für ihre Sichtweise gewinnen. Dies wird dir helfen, mit Verständnis und Respekt zu kommunizieren und gemeinsam Lösungen zu finden, die für beide Seiten zufriedenstellend sind.

Die Welt der emotionalen Intelligenz ist wie eine abenteuerliche Reise durch den Dschungel unserer Gefühle. Und der Unterschied zwischen einer Führungskraft mit wenig oder hoher emotionaler Intelligenz ist so deutlich wie Tag und Nacht. Während die eine Führungskraft im Dunkeln des Unverständnisses und der Konflikte umherirrt, erleuchtet die andere mit ihrer emotionalen Intelligenz den Weg zu einer harmonischen und erfolgreichen Zusammenarbeit.

Stell dir vor, du triffst auf Linda, eine leitende Managerin, die ihre Emotionen kaum im Griff hat. Bei jeder Herausforderung verwandelt sie sich in einen Vulkanausbruch und schleudert wütende Worte um sich. Ihre Teammitglieder wagen es kaum, ihre Ideen zu äußern, aus Angst vor ihrem explosiven Temperament. In Meetings reagiert sie oft mit wütenden Ausbrüchen, wenn etwas nicht nach Plan läuft und erzeugt dadurch eine Atmosphäre der Unsicherheit und Spannung. Ihre mangelnde emotionale Intelligenz hält sie von erfolgreicher Führung und Zusammenarbeit ab, denn wer möchte schon freiwillig auf einem Vulkan tanzen?

Nun triffst du auf Julia, eine erfahrene Führungskraft, die ihre emotionale Intelligenz meisterhaft einsetzt. Sie besitzt die Fähigkeit, selbst in herausfordernden Situationen Ruhe zu bewahren und ihre Emotionen zu meistern. Julia hört aufmerksam zu, erkennt die Bedürfnisse und Sorgen ihrer Teammitglieder und zeigt Empathie. Sie fördert ein offenes und vertrauensvolles Arbeitsklima, in dem sich jeder wertgeschätzt fühlt. Wenn unerwartete Probleme auftauchen, findet sie kreative Lösungen und motiviert ihr Team, das Beste aus jeder Situation herauszuholen. Mit ihrer hohen emotionalen Intelligenz ist Julia ein Vorbild für erfolgreiche Führung und schafft eine Atmosphäre, in der das Team gedeihen kann.

Also, liebe Leserin, welches Beispiel spricht dich mehr an? Bist du bereit, deine emotionale Intelligenz zu stärken und zur inspirierenden, hoch emotional intelligenten Führungskraft zu werden, die du sein kannst?

Mit genügend Interesse, Offenheit und einer Prise Humor kannst du die emotionalen Signale verstehen. Dadurch kannst du die Herausforderungen der Emotionen meistern und aktiv zu einem harmonischen Team in der Kommunikation beitragen. Konzentriere dich auf die Entwicklung deiner Kommunikationsfähigkeiten und beherrsche den transformativen Umgang mit Emotionen.

**Konstruktives Feedback geben und annehmen: Der Schlüssel zum persönlichen Wachstum**

Feedback - dieses kleine Wort kann eine so große Wirkung haben. Es kann das Potenzial haben, Menschen zu inspirieren und zu ermutigen oder sie zu demoralisieren und zu demotivieren. Aber wie gibst du konstruktives Feedback, das Veränderungen bewirkt, anstatt Wunden zu hinterlassen?

Nehmen wir an, du bist Abteilungsleiterin und möchtest einer Mitarbeiterin helfen, ihre Fähigkeiten weiterzuentwickeln. Anstatt einfach zu sagen: „Du machst das falsch“, könntest du dich in ihre Lage versetzen und ihr positives Feedback geben, das auf Wachstum und Verbesserung abzielt. Zum Beispiel könntest du sagen: „Deine Arbeit ist solide und ich glaube fest daran, dass du noch größere Erfolge erzielen kannst. Lass uns zusammenarbeiten, um deine Fähigkeiten auf die nächste Stufe zu bringen.”

Doch was hindert eine Führungskraft daran, Feedback auf inspirierende Weise zu geben? Stell dir Karen vor, eine Führungskraft, die vor jeder Rückmeldung in Panik gerät. Sie verstrickt sich in einem Dschungel aus Selbstzweifeln und Ängsten und findet keine klaren Worte, um ihr Feedback konstruktiv zu vermitteln. Stattdessen wirft sie ihren Mitarbeitern eine Handvoll Kritikpfeile entgegen, ohne ihnen eine Chance zu geben, zu wachsen. Ihr Feedback ist wie ein Blitz, der einschlägt und Verwüstung hinterlässt. Karens größte Hindernisse sind ihre Selbstzweifel, Ängste und Unsicherheit, die wie Lianen um sie herumwuchern und ihre Worte verstricken. Sie fragt sich, ob sie kompetent genug ist, ob ihre Meinung zählt und ob sie ihre Mitarbeiter enttäuschen könnte. Diese Gedanken und Zweifel lassen ihre Stimme stocken und ihre Botschaft unklar werden.

Ein weiteres Hindernis sind die Erwartungen anderer, die wie eine schwere Last auf Karens Schultern liegen. Sie fühlt sich von der Erwartungshaltung ihrer Vorgesetzten und Kollegen eingeengt, als müsse sie den Spagat zwischen Nachsicht und Strenge perfekt beherrschen. Doch während sie versucht, diesen Balanceakt zu meistern, spürt sie, wie ihre eigene authentische Stimme erstickt wird und ihr Feedback an Klarheit und Überzeugungskraft verliert.

Und nicht zuletzt spielt auch die Angst vor Konflikten eine Rolle. Karen zögert, sich auf mögliche Unannehmlichkeiten einzulassen, die mit kritischem Feedback einhergehen können. Die Furcht, von ihren Mitarbeitern abgelehnt oder konfrontiert zu werden, nimmt sie gefangen. Aus Angst vor Konflikten hält sie ihre

Meinung zurück und gibt lieber oberflächliche oder gar keine Rückmeldung, was langfristig zu einer Stagnation der Entwicklung ihrer Mitarbeiter führt.

Diese Hindernisse stehen Karen im Weg und verhindern, dass sie ihr volles Potenzial als inspirierende Feedbackgeberin ausschöpft. Aber liebe Leserin, du kannst diese Hindernisse überwinden. Du kannst dich von den Lianen der Selbstzweifel befreien, deine eigene Stimme finden und die Erwartungen anderer hinter dir lassen. Du kannst die Angst vor Konflikten überwinden und erkennen, dass konstruktives Feedback nicht nur deinen Mitarbeitern, sondern auch dir selbst zugutekommt.

Auf der anderen Seite ist es genauso wichtig, konstruktives Feedback anzunehmen. Erinnere dich an eine Situation, in der dir jemand offen und ehrlich Rückmeldung gegeben hat. Zuerst mag es unangenehm gewesen sein, aber wenn du offen dafür warst, konntest du wachsen und dich verbessern. Es gibt verschiedene Faktoren, die das Feedback-Empfangen erschweren können.

Stellen wir uns Sarah vor, eine Führungskraft, die Schwierigkeiten hat, Feedback anzunehmen. Eine ihrer Herausforderungen ist ihr ehrgeiziger Perfektionismus, der sie dazu antreibt, immer nach Höherem zu streben. Wenn Sarah konstruktives Feedback erhält, spürt sie den Pfeil der Kritik direkt in ihrer Brust und fühlt sich angegriffen. Sie schwingt das Schild der Verteidigung und kämpft gegen das Feedback an, anstatt es als Kompass zur persönlichen Weiterentwicklung zu nutzen. Dadurch verpasst sie kostbare Wachstumsmöglichkeiten und bleibt in ihrem eigenen Sumpf stecken.

Eine weitere Herausforderung für Sarah ist ihr innerer Zweifel, der manchmal wie ein wildes Tier in ihrem Geist umherstreift. Sie zweifelt oft an ihren Fähigkeiten und hat Angst, dass Feedback ihre vermeintlichen Schwächen offenbart, wodurch sie sich entmutigt fühlt und sich und in ihre Höhle der Unsicherheit zurückzieht. Diese Selbstzweifel halten sie nicht nur beruflich auf, sondern wirken sich auch auf ihr persönliches Wohlbefinden aus, da sie ständig dem Druck ausgesetzt ist, alle Erwartungen zu erfüllen. Die Konsequenzen für Sarah sind wie ein Schatten, der sich über ihre Karriere und ihr persönliches Leben legt. Beruflich gesehen verpasst sie die Möglichkeit, ihre Flügel auszubreiten und ihre Fähigkeiten weiterzuentwickeln. Dadurch bleibt sie möglicherweise hinter ihren Kollegen zurück und kann nicht das volle Potenzial entfalten, das in ihr schlummert. Auch ihre Beziehungen zu Teammitgliedern können darunter leiden, da sie nicht in der Lage ist, effektiv auf Feedback einzugehen und ihre Teamkollegen zu unterstützen.

Persönlich gesehen beeinträchtigt Sarahs Schwierigkeit, Feedback anzunehmen, ihr Selbstvertrauen und ihr Wohlbefinden. Sie bleibt in einer Negativspirale von Selbstzweifeln gefangen und kann sich nicht frei entfalten. Das wirkt sich negativ auf ihr Selbstbild und ihre allgemeine Zufriedenheit aus. Es ist daher wichtig für Sarah und andere weibliche Führungskräfte, ihre Hürden beim Feedback-Empfangen zu erkennen und aktiv daran zu arbeiten, diese zu überwinden. Indem du Feedback als Geschenk betrachtest und es als Chance für persönliches Wachstum nutzt, öffnest du die Tür zu neuen Möglichkeiten und entwickelst dich kontinuierlich weiter.

### Führungskompetenz und Mitarbeitermotivation: Ein Tanz auf der Erfolgswelle

Stell dir vor, du stehst an der Spitze eines Teams, das bereit ist, Berge zu versetzen. Die Dynamik ist spürbar und du bist der Anker, der sie zusammenhält. Aber wie schaffst du es, nicht nur die Ziele deines Teams zu erreichen, sondern auch ihre Herzen zu gewinnen?

Eine wirksame Führungskraft zu sein bedeutet, deine Selbstregulation auf die nächste Ebene zu bringen. Es bedeutet, eine Atmosphäre des Vertrauens und der Inspiration zu schaffen, in der sich jeder Mitarbeiter und jede Mitarbeiterin entfalten kann. Es geht darum, Mitarbeiter zu befähigen und ihnen das Gefühl zu geben, dass ihre Beiträge wertvoll sind.

Fühle, wie es wäre, wenn du als Führungskraft in der Lage wärst, deine eigenen Emotionen zu managen, um in stressigen Situationen Ruhe und Klarheit zu bewahren. Wenn du dich selbst regulierst, gibst du deinem Team ein Beispiel, dem es folgen kann. Du wirst zu einem Katalysator für Wachstum, Zusammenarbeit und Spitzenleistung.

Denke an eine Situation, in der du von einer Führungskraft inspiriert wurdest, die mit Leidenschaft und Authentizität vorangeht. Wie hat dich das beeinflusst? Wie hat es dich motiviert, dein Bestes zu geben? Genau das kannst du als weibliche Führungskraft erreichen, wenn du deine Selbstregulation in der Kommunikation und in zwischenmenschlichen Beziehungen kultivierst.

Der Weg zur wirksamen Selbstregulation ist kein einfacher Spaziergang, aber er ist es wert. Es erfordert Mut, Selbstreflexion und die Bereitschaft, an dir selbst zu arbeiten. Die Konsequenzen eines Mangels an Selbstregulation sind oft verheerend für die Kommunikation und die zwischenmenschlichen Beziehungen, aber die positiven Auswirkungen einer wirksamen Selbstregulation sind lebensverändernd.

Sei die Führungskraft, die andere inspiriert, motiviert und in ihrer Entwicklung unterstützt. Lasse die Kraft der Selbstregulation zu deinem Kompass werden und öffne die Türen zu einer Kommunikation, die tiefe Verbindungen schafft und zu nachhaltigem Erfolg führt. Denke daran, du hast die Wahl, die Art von Führungskraft zu sein, die du sein möchtest - außergewöhnlich und einzigartig. Mit den richtigen Schritten kannst du dieses Ziel erreichen. Folgend sind einige Satzergänzungen, die dich zum Nachdenken anregen und dir helfen, zu reflektieren. Nun hast du die Möglichkeit, jeden Satz mit deinen eigenen Gedanken zu ergänzen:

*Wie ich die Bedeutung meiner Führungsrolle anerkenne und mich bewusst dafür einsetze, andere zu inspirieren und zu motivieren, beinhaltet:*

*Wie ich mein Kommunikationsverhalten reflektiere und aktiv daran arbeite, eine offene und vertrauensvolle Kommunikationskultur zu fördern, beinhaltet:*

*Wie ich mein eigenes Verhalten und meine Handlungen kritisch hinterfrage und kontinuierlich an meiner persönlichen und beruflichen Entwicklung arbeite, beinhaltet:*

*Wie ich aktiv auf die Bedürfnisse und Stärken meiner Teammitglieder eingehe und ihnen Möglichkeiten zur persönlichen und beruflichen Weiterentwicklung aufzeige, beinhaltet:*

*Wie ich eine positive und unterstützende Arbeitsatmosphäre schaffe, in der sich alle Teammitglieder wertgeschätzt und gehört fühlen, beinhaltet:*

*Wie ich Konflikte konstruktiv angehe und Lösungen finde, die die Zusammenarbeit und das Teamklima stärken, beinhaltet:*

*Wie ich Verantwortung übernehme und meine Entscheidungen transparent kommuniziere, beinhaltet:*

*Wie ich Vertrauen aufbaue, indem ich mein Team ermächtige, eigene Entscheidungen zu treffen und Verantwortung zu übernehmen, beinhaltet:*

*Wie ich ein Vorbild bin, indem ich meine Werte und Prinzipien authentisch lebe und die Teammitglieder dazu ermutige, ebenfalls ihre Werte zu reflektieren und zu leben, beinhaltet:*

*Wie ich Feedback gebe und empfange, um kontinuierlich zu lernen und zu wachsen, beinhaltet:*

Kapitel 10

# Selbstregulation bei der Entscheidungsfindung und beim strategischen Denken

## Emotionale Klarheit und Objektivität

Stell dir vor, du befindest dich auf einem unendlichen Meer von Entscheidungen. Du weißt, dass die Wahl des richtigen Kurses den Unterschied zwischen Erfolg und Misserfolg ausmachen kann. Doch wie kannst du auf diesem weiten Ozean klare Sicht bewahren und objektiv die besten Entscheidungen treffen? Hier kommt die emotionale Klarheit ins Spiel, die dich wie ein starker Leuchtturm durch die Wellen führt.

Indem du deine Emotionen erkennst, annimmst und dich nicht übermäßig beeinflussen lässt, gewinnst du eine wertvolle Perspektive. Geh davon aus, du bist eine Detektivin, die Hinweise sammelt, anstatt von deinen Gefühlen überwältigt zu werden. Du triffst Entscheidungen, die auf klarem Denken basieren und siehst das große Ganze, während andere im Emotionschaos gefangen sind.

Ein Beispiel: Lisa, eine Führungskraft, steht vor der Herausforderung, ein neues Teammitglied einzustellen. Sie ist von einer Bewerberin begeistert, die charmant und sympathisch ist, doch ihre fachlichen Qualifikationen sind fraglich. Lisa spürt, wie sich eine Welle der Sympathie in ihr aufbaut, doch sie erkennt, dass sie ihre Emotionen nicht die Oberhand gewinnen lassen darf. Sie nimmt sich die Zeit, objektiv die fachlichen Fähigkeiten der Bewerberin zu bewerten und kommt zum Schluss, dass diese nicht den Anforderungen der Position entsprechen. Lisa entscheidet sich schließlich für einen anderen Bewerber, der fachlich qualifizierter ist. Durch ihre emotionale Klarheit konnte sie eine bessere Entscheidung treffen und das langfristige Wachstum ihres Teams fördern. In der Welt der Entscheidungen ist emotionales Gleichgewicht der Schlüssel zum Erfolg. Nehmen wir an, du stehst auf einem wackligen Seil hoch über dem Boden, während dich eine Horde wilder Emotionen wie aufgeregte Zirkustiere umtanzt. Mit einer Portion Gelassenheit und einem festen Blick auf dein Ziel behältst du das Gleichgewicht bei.

Emotionales Gleichgewicht ermöglicht es dir, inmitten des Gefühlschaos einen klaren Kopf zu bewahren. Du erkennst, dass Emotionen wie wilde Affen sind - sie springen herum und versuchen, deine Aufmerksamkeit zu erhaschen. Aber anstatt dich von ihnen ablenken zu lassen, behältst du die Kontrolle. Du zähmst diese Affen und lässt sie in Harmonie miteinander tanzen, während du dich auf die Aufgabe konzentrierst.

Distanzierung von persönlichen Vorlieben ist ein weiterer wichtiger Aspekt. Stell dir vor, du bist eine Geschmackstesterin in einer Schokoladenfabrik, aber statt nur deine Lieblingssorten zu kosten, öffnest du dich für neue Geschmackserlebnisse. Du erkennst, dass deine persönlichen Vorlieben nicht immer repräsentativ für das sind, was am besten für das Unternehmen ist.

Schließlich geht es darum, Risiken und Chancen abzuwägen. Stell dir vor, du stehst vor einer gigantischen Wippe, auf der Risiken auf der einen Seite und Chancen auf der anderen Seite liegen. Du weißt, dass ein zu forscher Sprung auf die Chancenseite dich aus dem Gleichgewicht bringen könnte, während ein zu ängstlicher Schritt auf die Risikoseite dich vom Erfolg abhalten könnte. Aber mit deinem scharfen Verstand und deiner emotionalen Klarheit findest du den perfekten Moment, um mutig zu handeln und die Chancen zu ergreifen, während du gleichzeitig die Risiken im Blick behältst.

Du hast das Potenzial, emotionales Gleichgewicht, Distanzierung von persönlichen Vorlieben und das Abwägen von Risiken und Chancen zu meistern. Um emotionales Gleichgewicht zu erreichen, nimm dir jeden Tag einen Moment Zeit für dich selbst. Schließe die Augen, atme tief ein und aus und lass den Strudel der Emotionen vorbeiziehen. Beobachte die Gefühle, aber lass dich nicht von ihnen mitreißen. Du bist die Regisseurin deiner eigenen Show und du bestimmst, welche Gefühle deine Entscheidungen beeinflussen.

Um dich von persönlichen Vorlieben zu distanzieren, trete aus deiner Komfortzone heraus. Wage es, neue Geschmacksrichtungen zu kosten, metaphorisch gesprochen. Lerne die Perspektiven anderer Menschen kennen und betrachte die Dinge aus verschiedenen Blickwinkeln. Indem du deine eigenen Vorlieben zur Seite legst, öffnest du dich für eine Vielfalt an Möglichkeiten und kannst objektiver beurteilen, was für dein Team und Unternehmen am besten ist.

Das Abwägen von Risiken und Chancen erfordert Mut und Weitsicht. Doch wie kannst du diese Eigenschaften erlangen? Du musst dich über deine Ängste hinauswagen und dich selbst herausfordern, indem du neue Erfahrungen machst und dich mit Unsicherheit auseinandersetzt. Du kannst dich von inspirierenden Vorbildern inspirieren lassen, die bereits den Sprung ins Ungewisse gewagt haben. Außerdem solltest du deine Intuition stärken und auf dein Bauchgefühl vertrauen, das oft eine wertvolle Quelle für Weisheit und Erkenntnis ist. Wenn du Risiken eingehst und aus deinen Erfahrungen lernst, wirst du mit der Zeit immer mutiger und kannst somit deine Weitsicht schärfen.

Lass uns als nächstes die Kunst der Zeitnutzung und Priorisierung erkunden und herausfinden, wie du deine Superkräfte im Jonglieren von Aufgaben noch weiter verbessern kannst.

**Zeitnutzung und Priorisierung**

Zeit ist dein wertvollstes Gut und es scheint immer zu knapp zu sein. Du jonglierst mit unzähligen Aufgaben, Fristen und Verantwortlichkeiten. Wie kannst du in diesem hektischen Alltag deine Zeit effektiv nutzen und klare Prioritäten setzen? Begib dich gedanklich in eine Situation, in der du eine Zirkusartistin bist, die verschiedene Bälle jongliert. Jeder Ball repräsentiert eine Aufgabe oder Verpflichtung in deinem Leben. Du erkennst, dass nicht alle Bälle gleich wichtig sind und einige sogar zerbrechlich sind. Indem du deine Zeit bewusst einteilst und deine Prioritäten klar setzt, behältst du die Kontrolle über deine Jonglage und vermeidest Chaos und Zusammenbruch.

Ein Beispiel: Anna, eine vielbeschäftigte Führungskraft, hat einen vollen Terminkalender und fühlt sich ständig überfordert. Sie erkennt jedoch, dass sie nicht jedem Ball gleich viel Aufmerksamkeit schenken kann. Sie nimmt sich regelmäßig Zeit, um ihre Aufgaben zu bewerten und zu priorisieren. Dabei stellt sie fest, dass bestimmte Aufgaben dringlicher sind als andere und dass sie einige Bälle vielleicht sogar fallenlassen kann, ohne dass es die Gesamtleistung beeinträchtigt. Durch bewusste Zeitnutzung und klare Prioritätensetzung kann Anna ihre Aufgaben effektiv erledigen und ein Gleichgewicht zwischen Beruf und Privatleben finden.

Beachte, dass es einen großen Unterschied gibt zwischen dem Priorisieren von Aufgaben und dem Einplanen von Prioritäten. Letzteres ist besonders wichtig für viel beschäftigte weibliche Führungskräfte, um nicht in die Falle des ständigen Reagierens zu geraten und das Gefühl zu entwickeln, dass sie keine Zeit mehr für sich selbst haben. Beim Priorisieren von Aufgaben geht es darum, die Dringlichkeit und Wichtigkeit zu bewerten, um effektiv zu arbeiten. Doch das Einplanen von Prioritäten geht darüber hinaus. Es bedeutet, bewusst Zeitfenster zu reservieren für die Dinge, die für dich als Führungskraft von hoher Bedeutung sind, sei es die persönliche Entwicklung, Selbstfürsorge oder die Pflege von Beziehungen.

Integriere deine Prioritäten fest in deinen Zeitplan und schaffe Raum für das, was dir wirklich wichtig ist. Sorge für eine ausgewogene Harmonie zwischen beruflichen Verpflichtungen und persönlichem Wohlbefinden. Also lass uns gemeinsam erkunden, wie du als vielbeschäftigte weibliche Führungskraft deine Superkräfte im Jonglieren von Aufgaben weiter stärken kannst und dabei nicht vergisst, auch Zeit für dich selbst einzuplanen. Dabei spielen Fokus und Produktivität, Delegieren und Loslassen sowie die Harmonie zwischen Arbeit und Privatleben entscheidende Rollen.

Fokus und Produktivität sind wie Superhelden, die dir dabei helfen, deine Aufgaben mit Leichtigkeit zu meistern. Stell dir vor, du bist eine erfahrene Bergsteigerin, die mutig den Gipfel der Aufgabenbesteigung erklimmt. Mit jedem Schritt überwindest du Hindernisse und behältst stets den Blick auf den majestätischen Gipfel, der dein Ziel repräsentiert. Du nutzt deine Fähigkeiten und Werkzeuge, wie eine erfahrene Kletterin ihre Ausrüstung, um die Herausforderungen zu meistern und mit jedem Höhenmeter näher an deinen Erfolg heranzukommen. Schnall dir deinen Gipfelstürmer-Rucksack auf und lass uns gemeinsam den Weg zur Spitze der Produktivität erklimmen.

Um deinen Fokus zu schärfen, kannst du beispielsweise Techniken wie die Pomodoro-Methode nutzen. Die Pomodoro-Technik ist eine einfache, aber äußerst effektive Methode, um deine Zeit optimal zu nutzen. Dabei teilst du deine Arbeit in Zeiteinheiten von beispielsweise 25 Minuten, die als „Pomodoro“ bezeichnet werden. Während dieser Zeit konzentrierst du dich voll und ganz auf eine bestimmte Aufgabe und lässt dich nicht von Störquellen ablenken. Nach jedem Pomodoro gönnst du dir eine kurze Pause von etwa fünf Minuten, um wieder aufzutanken. Nach vier solcher Arbeitsintervalle wird eine längere Pause von etwa 15 bis 30 Minuten eingelegt. Durch die Anwendung dieser Technik wirst du deine Produktivität steigern und deine Ziele schneller erreichen. Also, schnapp dir deine virtuelle Tomaten-Uhr, setze dir klare Ziele und arbeite in konzentrierten Intervallen, gefolgt von kurzen Pausen, um deine Produktivität auf Hochtouren zu bringen. Und vergiss nicht, deinem inneren Kritiker ab und zu eine kleine Auszeit zu gönnen, denn Perfektionismus kann ein wahrer Zeitdieb sein.

Delegieren und Loslassen sind die Superkräfte, die dir helfen, deine Last zu erleichtern und gleichzeitig das volle Potenzial deines Teams zu entfesseln. Denk daran, du bist nicht Superwoman und du musst nicht alles alleine machen. Vertraue auf die Fähigkeiten und Stärken deines Teams und gib Verantwortung ab. Du wirst überrascht sein, wie viel mehr du erreichen kannst, wenn du loslässt und anderen die Möglichkeit gibst, zu glänzen. Und falls du dich dabei ertappst, wie du die Kontrolle mit Samthandschuhen festhältst, denk an den berühmten Spruch: „Wenn du etwas liebst, lass es los. Wenn es zurückkommt, gehört es dir - und wenn nicht, war es ohnehin nie dein Posteingang.“

Die Harmonie zwischen Arbeit und Privatleben ist wie ein Tanz, bei dem du elegant zwischen den Rollen der Führungskraft und der Privatperson hin und her schwebst. Setze klare Grenzen und schaffe dir bewusst Auszeiten, um Energie zu tanken und die Batterien aufzuladen. Eine gut geplante „Me-Time“ kann Wunder bewirken! Stell dir vor, du bist die Dirigentin eines Orchesters, das aus Arbeit und Freizeit besteht. Synchronisiere die Melodien des Erfolgs und des persönlichen Glücks, damit sie harmonisch miteinander verschmelzen. Und wenn es gelegentlich hektisch wird, denk daran, dass es nicht um Perfektion geht, sondern um das Streben nach einer ausgewogenen Symphonie. Lass uns die Punkte anhand eines abschließenden Beispiels verbinden:

Stell dir vor, du bist eine weibliche Führungskraft, die täglich mit einer Fülle von Aufgaben jongliert. Doch du hast die Kunst der Zeitnutzung und Priorisierung gemeistert. Du behältst stets den Fokus auf deine Ziele und bleibst produktiv, indem du die Pomodoro-Technik anwendest. Du weißt, dass es einen Unterschied gibt zwischen dem Priorisieren von Aufgaben und dem Einplanen von Prioritäten. Du delegierst und lässt los, um Raum für das Wesentliche zu schaffen. Du findest die Harmonie zwischen Arbeit und Privatleben, indem du dir bewusst Zeit für dich selbst nimmst. Mit dieser effektiven Zeiteinteilung bist du die Kapitänin deines eigenen Erfolgs und navigierst zielsicher durch den Ozean der Aufgaben. Du erreichst Spitzenleistungen und bewahrst dabei deine innere Ruhe und Zufriedenheit.

**Die Magie der Illusion: Wie optische Täuschungen deine Emotionsregulation transformieren**

Tauche ein in eine faszinierende Welt der visuellen Täuschungen und entdecke, wie sie dein inneres Gleichgewicht und deine Emotionsregulation verändern können. Willkommen in der fesselnden Welt der optischen Illusionen, in der deine Wahrnehmung auf die Probe gestellt wird und neue Erkenntnisse über deine Emotionen gewonnen werden. Lass dich verzaubern und entdecke die Kraft der Illusion, die dir helfen kann, deine Gefühle zu beherrschen, tiefere emotionale Resilienz aufzubauen und klarer und objektiver zu denken.

**Die faszinierende Ablenkung:** Wenn du in den Bann einer optischen Täuschung gezogen wirst, löst sie eine natürliche Neugierde und Faszination in dir aus. Deine Aufmerksamkeit wird von den negativen Emotionen abgelenkt und du findest dich in einer Welt des Staunens und der Verwunderung wieder. Beobachte, wie deine Sorgen und Ängste vorübergehend in den Hintergrund treten und Raum für positive oder neutrale Gefühle schaffen.

**Die Macht der Perspektive:** Optische Täuschungen enthüllen die beeindruckende Fähigkeit unseres Gehirns, uns in die Irre zu führen. Sie lassen dich erkennen, dass deine Wahrnehmung von deinem Denken und deinen Überzeugungen beeinflusst wird. Diese Erkenntnis eröffnet dir die Möglichkeit, deine Emotionen in einem neuen Licht zu betrachten und alternative Perspektiven einzunehmen. Wenn du deine Emotionen mit einem kritischen Blick betrachtest, kannst du bewusster entscheiden, wie du auf sie reagieren möchtest.

**Ein Tanz der Neutralität:** Betrachte optische Täuschungen als Tanz zwischen Realität und Illusion. Sie lassen dich erkennen, dass Emotionen nicht immer objektive Wahrheiten sind, sondern von unserer individuellen Wahrnehmung geprägt werden. Diese Erkenntnis ermöglicht es dir, eine emotionale Neutralität zu entwickeln. Du wirst zur Regisseurin deiner Gefühle und kannst bewusst entscheiden, wie du auf äußere Reize reagierst. Du lässt dich nicht länger von ihnen beherrschen, sondern wählst einen Weg der Gelassenheit und Selbstbestimmtheit.

**Kreativität als Schlüssel:** Optische Täuschungen fordern dein Gehirn heraus und ermutigen dich, alternative Interpretationen und Lösungswege zu finden. Sie eröffnen dir eine Welt voller kreativer Möglichkeiten, um mit deinen Emotionen umzugehen. Betrachte sie als Quelle der Inspiration und des Experimentierens. Entdecke neue Wege, wie du dich mit deinen Gefühlen auseinandersetzen kannst und wie du ihnen mit innovativen Strategien begegnest.

**Der Weg zur inneren Magie:** Die Magie der Illusion liegt darin, dass sie dich dazu bringt, deine Emotionsregulation auf eine völlig neue Art und Weise zu betrachten. Du lernst, dich von negativen Emotionen abzulenken, deine Perspektive zu erweitern, emotionale

Neutralität zu kultivieren und kreativ mit deinen Gefühlen umzugehen. Sei bereit, deine Emotionsregulation zu transformieren und ein Leben voller innerer Magie zu führen. Tritt aus dem Labyrinth der Emotionen heraus und betrete eine neue Ebene der Selbstregulierung. Nutze die Magie der Illusion, um deine Emotionslandschaft zu erkunden und zu gestalten. Befreie dich von den Fesseln der Unruhe und finde Balance und Harmonie in deinem Inneren. Du hast die Macht, deine Emotionen zu beherrschen und deine eigene emotionale Resilienz aufzubauen. Tauche ein in das Abenteuer der Illusion und entdecke die transformative Kraft, die in dir liegt.

Nachdem du nun einen Einblick in die faszinierende Welt der optischen Täuschungen erhalten hast und erfahren hast, wie sie dir bei der Selbstregulation und Entscheidungsfindung helfen können, ist es an der Zeit, tiefer in die Materie einzutauchen. Du hast bereits erfahren, dass die Illusion ein mächtiges Werkzeug sein kann, um deine Emotionen zu regulieren und neue Denkansätze zu entwickeln. Jetzt werden wir uns konkret darauf konzentrieren, wie du die Macht der Illusion in deinen beruflichen Alltag integrieren kannst und welchen Einfluss sie auf deine Entscheidungsfindung und strategisches Denken haben kann.

Entdecke, wie du optische Täuschungen als Werkzeug nutzen kannst, um deine Führungskompetenzen zu stärken und beruflich zu wachsen. Freue dich auf die konkreten Schritte, die du nutzen kannst, um die Macht der Illusion in deinem beruflichen Alltag zu integrieren und deine Selbstregulation auf ein neues Level zu heben. Bist du bereit, die Grenzen deiner Wahrnehmung zu erweitern und in die Welt der Illusion einzutauchen?

**Schritt 1: Die Illusion als Denkanstoß nutzen**

Stelle dir vor, du stehst vor einer optischen Täuschung, die dir scheinbar unmögliche Formen und Perspektiven präsentiert. Nutze diese faszinierenden Bilder als Symbol für neue Denkansätze und erweitere deine Sichtweise. Wenn du vor einer schwierigen Entscheidung stehst, betrachte sie aus verschiedenen Blickwinkeln, wie die verschiedenen Interpretationen einer optischen Illusion. Indem du dich bewusst von starren Denkmustern löst, eröffnest du dir neue Möglichkeiten und findest kreative Lösungen.

Beispiel: Nehmen wir an, du musst eine strategische Entscheidung treffen, die dein Unternehmen voranbringen soll. Bevor du dich in bekannten Pfaden verlierst, wirf einen Blick auf optische Täuschungen wie die „Penrose-Treppe". Sie zeigt dir, dass es manchmal scheinbar unlösbare Paradoxien gibt, die auf den ersten Blick unvereinbar erscheinen. Lass dich von dieser Illusion inspirieren und erkenne, dass auch vermeintlich widersprüchliche Optionen in einer neuen Perspektive harmonisch zusammenkommen können.

**Schritt 2: Die Kraft der Illusion als Emotionsregulator nutzen**

Stell dir vor, du befindest dich in einem stressigen

Meeting, in dem die Emotionen hochkochen. Nutze die Macht der Illusion, um deine Emotionsregulation zu stärken. Fokussiere dich auf eine optische Täuschung, die dich in Staunen versetzt und deine Gedanken von den negativen Emotionen ablenkt. Beobachte, wie deine Emotionen in den Hintergrund treten und Platz für Klarheit und Ruhe schaffen. Nutze diesen Moment der Illusion, um bewusst deine Reaktion zu wählen und konstruktiv mit der Situation umzugehen.

Beispiel: Stell dir vor, du spürst, wie der Ärger in dir hochkocht, während in einem Meeting hitzige Diskussionen stattfinden. Schalte dein inneres „Zauberkunststück" ein und lasse dich von einer optischen Täuschung wie dem „Hermann-Gitter" oder dem „szintillierenden Gitter" faszinieren. Diese Illusionen zeigen dir, wie sich Muster und Linien vor deinen Augen verändern können. Nutze diese visuelle Veränderung, um auch deine emotionale Reaktion zu transformieren. Atme tief durch, erlaube dir einen Moment der Verwunderung und wähle bewusst eine konstruktive und gelassene Reaktion.

**Schritt 3: Die Illusion als Quelle der Kreativität nutzen**

Stell dir vor, du möchtest innovative Lösungen für ein Problem finden, das bisher unlösbar schien. Nutze die Illusion als Sprungbrett für deine Kreativität. Betrachte optische Täuschungen als Einladung, konventionelle Denkmuster zu durchbrechen und neue Wege zu entdecken. Lass dich von den scheinbar unmöglichen Bildern inspirieren und finde unkonventionelle Lösungen, die dir einen Wettbewerbsvorteil verschaffen.

Beispiel: Stell dir vor, du stehst vor der Herausforderung, eine neue Marketingstrategie zu entwickeln, die deine Zielgruppe begeistert. Lass dich von optischen Täuschungen wie den „Rotating Snakes“ inspirieren, bei denen sich scheinbar bewegende Muster erzeugt werden. Nutze diese Illusion als Metapher dafür, wie du in deiner Denkweise ausgetretene Pfade verlässt und neue, aufregende Ideen generierst. Werde zur Illusionistin deiner eigenen Kreativität und überrasche dich selbst mit innovativen Ansätzen.

Die Macht der Illusion in deinem beruflichen Alltag einzusetzen, ermöglicht es dir, neue Horizonte zu entdecken, deine Emotionen bewusst zu regulieren und kreative Lösungen zu finden. Öffne dich für die faszinierende Welt der optischen Täuschungen und erkenne, welchen Einfluss sie auf deine Selbstregulation bei der Entscheidungsfindung und strategischem Denken haben kann. Sei bereit, deine Grenzen zu überschreiten und eine Meisterin der Illusion zu werden, die die Magie der visuellen Täuschungen nutzt, um beruflich zu wachsen und zu glänzen. Im zweiten Teil werden wir die praktische Anwendung vertiefen.

Kapitel 11

# Selbstregulation für starkes Selbstvertrauen

## Die Bedeutung von Selbstvertrauen für weibliche Führungskräfte

Die Bedeutung von Selbstvertrauen für weibliche Führungskräfte kann nicht genug betont werden. Es ist eine der zentralen Eigenschaften, die den Unterschied zwischen Erfolg und Stagnation, zwischen Selbstzweifel und Selbstsicherheit ausmachen. Selbstvertrauen ist der Kitt, der deine Visionen und Ziele zusammenhält, während du mutig in die Welt der Führung voranschreitest.

Stell dir vor, du bist in einer Vorstandssitzung und präsentierst deine innovative Idee. Dein Herz schlägt schneller und die Aufmerksamkeit aller liegt auf dir. In diesem Moment ist dein Selbstvertrauen ausschlaggebend. Es ist das Fundament, auf dem du deine Worte, deine Körpersprache und deine Überzeugungskraft aufbaust. Es ist das unsichtbare Band, das dich mit deinen Mitarbeitern, Kollegen und Geschäftspartnern verbindet und ihnen das Vertrauen gibt, dir zu folgen.

Doch Selbstvertrauen entsteht nicht über Nacht. Es ist das Ergebnis einer bewussten Entwicklung und der kontinuierlichen Arbeit an dir selbst. Hier kommt die Selbstregulation ins Spiel. Die Fähigkeit, deine Emotionen bewusst wahrzunehmen, zu verstehen und zu lenken, ist der Schlüssel, um dein Selbstvertrauen zu stärken. Indem du deine Emotionen beherrschst, bist du in der Lage, Herausforderungen mit Gelassenheit und Entschlossenheit anzugehen. Du lässt dich nicht von Zweifeln und Ängsten überwältigen, sondern nutzt deine Emotionen als Antrieb, um deine Ziele zu erreichen. Selbstvertrauen ist wie ein magisches Gefühl. Es lässt dich strahlen, voller Dankbarkeit sein und gibt dir die Sicherheit, dass du Großartiges erreichen kannst. Aber woher kommen diese Gefühle eigentlich? Nun, sie werden durch deine Gedanken hervorgerufen - bewusst oder unbewusst. Und hier kommt der Clou: Du hast die Macht, deine Denkweise zu beeinflussen und somit dein Selbstvertrauen zu stärken.

Stell dir vor, deine Gedanken sind wie die Regisseure deiner Gefühlswelt. Wenn du eine Situation, eine Erfahrung oder einen Umstand nur durch deine fünf Sinne betrachtest - Sehen, Hören, Riechen, Schmecken und Tasten - dann limitierst du dich selbst. Die Sinne sind großartig, um die Welt zu erkunden, aber wenn es darum geht, Vertrauen aufzubauen und Veränderungen herbeizuführen, können sie trügerisch sein. Warum? Weil sie sich auf die Ist-Situation konzentrieren und deine Gedanken entsprechend beeinflussen.

Wenn deine Umstände nicht deinen Erwartungen entsprechen oder eine Situation herausfordernd ist, werden deine Sinne - genauer gesagt, dein Paradigma, also deine unbewussten Überzeugungen - deine Gedanken beeinflussen. Das wiederum führt zu entsprechenden Gefühlen, die dein Verhalten und deine Handlungen bestimmen. Und wie du dir sicher denken kannst, führen Handlungen zu Ergebnissen. Hier kommt die **erste Denkweise** ins Spiel - die reaktive Denkweise.

Wenn du dich von negativen äußeren Bedingungen leiten lässt, werden negative Gedanken, negative Gefühle und negative Handlungen die Oberhand gewinnen. Das Ergebnis? Die unerwünschte Ist-Situation wird sich weiter festigen und dein Selbstvertrauen wird darunter leiden.

Stell dir vor, du hast eine Präsentation vor einem wichtigen Kunden. Du bist bestens vorbereitet, aber während des Vortrags bemerkst du, dass der Kunde skeptisch wirkt und nicht so reagiert, wie du es erhofft hast. Sofort beginnen die Gedanken in deinem Kopf zu rasen: „Oh nein, er mag meine Ideen nicht. Meine Präsentation ist ein Reinfall. Ich bin nicht gut genug für diese Aufgabe.“ Diese reaktive Denkweise basiert auf den begrenzten Informationen, die deine Sinne dir liefern. Du interpretierst die Reaktion des Kunden als direkte Ablehnung deiner Fähigkeiten und deines Wertes. Das Gefühl von Unsicherheit und Entmutigung breitet sich in dir aus und deine Handlungen werden von diesem negativen Gefühl geleitet. Du verlierst den Fokus, wirkst unsicher und verpasst die Chance, deine Stärken zu zeigen. Das Ergebnis? Der Kunde ist tatsächlich weniger überzeugt von deinem Angebot, da du deine Unsicherheit ausstrahlst. Die unerwünschte Ist-Situation verstärkt sich, und dein Selbstvertrauen schwindet weiter.

Aber es gibt eine Alternative - **die zweite Denkweise**. Diese basiert nicht auf den fünf Sinnen, sondern auf deiner Vorstellungskraft. Stell dir vor, was du wirklich möchtest und formuliere dein Ziel positiv. Dies führt zu positiven Gefühlen und somit zu positivem Verhalten und Handeln. Das wiederum führt zu den Ergebnissen, die du dir wünschst. Lass dich nicht von der Einfachheit dieser Formel täuschen - sie birgt die Kraft, deine Realität zu verändern.

Stell dir erneut vor, du hast eine Präsentation vor einem wichtigen Kunden. Anstatt die Reaktion des Kunden als persönliche Ablehnung zu interpretieren, nutzt du deine Vorstellungskraft, um positive Gedanken zu generieren. Du sagst dir: „Der Kunde ist skeptisch, weil er hohe Erwartungen hat. Ich werde seine Bedenken verstehen und meine Argumente gezielt anpassen, um ihn zu überzeugen." Diese positive Denkweise versetzt dich in einen Zustand der Zuversicht und des Selbstvertrauens. Du behältst den Fokus, bleibst ruhig und handelst entsprechend. Du erkennst, dass du die Fähigkeiten und das Wissen hast, um diese Situation erfolgreich zu meistern. Und das Ergebnis? Der Kunde spürt deine Selbstsicherheit und ist beeindruckt von deiner Professionalität. Du überzeugst ihn mit deinen angepassten Argumenten und sicherst dir den Auftrag.

Dieses Beispiel zeigt, wie die genannten unterschiedlichen Denkweisen zu unterschiedlichen Gefühlen, Handlungen und Ergebnissen führen können. Indem du deine Denkweise bewusst steuerst und deine Vorstellungskraft einsetzt, kannst du dein Selbstvertrauen stärken und die gewünschten Ergebnisse erzielen. Selbstvertrauen hat also viel damit zu tun, welche Denkweise du dir aneignest. Trainiere deine Gedanken wie einen Muskel und konzentriere dich auf das, was du erreichen möchtest. Lass deine Vorstellungskraft die Hauptrolle spielen und gib ihr die Regie. So wirst du sehen, wie dein Selbstvertrauen wächst und du mit Leichtigkeit Hindernisse überwindest. Es liegt in deiner Hand, welche Denkweise du wählst und welchen Weg du einschlägst. Doch wie gelingt es dir, diese positive Denkweise aufrechtzuerhalten? Hier kommt die Selbstregulation ins Spiel. Sie ist der Schlüssel, um einen klaren Kopf zu bewahren und souverän zu handeln, selbst in den stressigsten Momenten.

Die Fähigkeit, deine Emotionen zu regulieren und deine Gedanken bewusst zu lenken, ermöglicht es dir, selbst in schwierigen Situationen ruhig und besonnen zu reagieren. Statt dich von negativen Gefühlen überwältigen zu lassen, kannst du dich auf deine inneren Ressourcen und Stärken verlassen, um effektive Lösungen zu finden und voranzukommen.

Ein Beispiel dafür ist die Konfrontation mit Kritik. Als Führungskraft wirst du immer wieder mit unterschiedlichen Meinungen und Rückmeldungen konfrontiert. Anstatt dich von negativer Kritik verunsichern zu lassen, kannst du durch die Selbstregulation deine Emotionen in den Griff bekommen und objektiv auf Feedback reagieren. Du kannst die Kritik als Chance zur persönlichen Weiterentwicklung sehen und konstruktive Lösungen finden.

Ein weiteres Beispiel ist das Delegieren von Aufgaben. Oftmals haben Führungskräfte das Gefühl, dass sie alles alleine erledigen müssen, um ihre Kompetenz zu beweisen. Doch durch die Selbstregulation erkennst du, dass es wichtig ist, Verantwortung abzugeben und anderen zu vertrauen. Du erkennst deine eigenen Stärken und Schwächen und kannst Aufgaben gezielt delegieren, um deine Ressourcen effektiv einzusetzen.

Die Selbstregulation ermöglicht es dir auch, mit Rückschlägen umzugehen und dich von ihnen nicht entmutigen zu lassen. Du erkennst, dass Misserfolge Teil des Lernprozesses sind und dass du aus ihnen wertvolle Erkenntnisse gewinnen kannst. Durch die Selbstregulation kannst du dich von Selbstzweifeln befreien und gestärkt aus jeder Herausforderung hervorgehen.

Denke auch daran, dass Selbstvertrauen nicht bedeutet, dass du immer alles perfekt machen musst. Es geht vielmehr darum, dich selbst anzunehmen und zu wissen, dass du in der Lage bist, mit den Aufgaben und Anforderungen umzugehen, die das Leben und die Führung mit sich bringen. Sei mutig, sei authentisch und stehe zu dir selbst, denn das ist der Kern des Selbstvertrauens. Nimm dir Zeit, um an dir zu arbeiten und deine Selbstregulationsfähigkeiten zu entwickeln. Nutze Techniken wie den Konzentrationstrick, um deine Konzentration zu steigern und deine Emotionen zu kontrollieren. Lerne, dich selbst zu reflektieren und deine Stärken anzuerkennen. Sei geduldig mit dir selbst und gönne dir Pausen, um neue Energie zu tanken.

Liebe Leserin, du bist auf dem Weg zu einer starken und erfolgreichen weiblichen Führungskraft. Die Entwicklung deines Selbstvertrauens durch die Selbstregulation wird dich befähigen, Hindernisse zu überwinden, deine Visionen umzusetzen und andere zu inspirieren. Vertraue auf deine Fähigkeiten, arbeite kontinuierlich an dir selbst und du wirst die volle Blüte deines Potenzials erreichen. Gehe diesen Weg mit Zuversicht und einem Hauch von Humor. Denn manchmal ist ein Lächeln der beste Weg, um Selbstvertrauen auszustrahlen und andere zu motivieren. Du hast die Macht, deine Emotionen zu beherrschen und als starke, selbstbewusste Frau in der Führungswelt zu glänzen.

Nun ist es an der Zeit, den ersten Schritt zu tun. Entscheide dich dafür, dich selbst zu regulieren und dein Selbstvertrauen zu stärken. Die Welt wartet darauf, deine Führung zu erleben. Bist du bereit?

## Herausforderungen und Hürden beim Aufbau von Selbstvertrauen

Auf dem Weg zum Aufbau von Selbstvertrauen als weibliche Führungskraft begegnen dir oft Herausforderungen und Hürden, die deinen Glauben an dich selbst erschüttern können. Diese Hindernisse können dir das Gefühl geben, dass du nicht gut genug bist oder nicht berechtigt, in der Führungsebene erfolgreich zu sein. Doch lasse dich nicht entmutigen! Betrachte sie vielmehr als Chancen, um dein Selbstvertrauen zu stärken und zu wachsen.

Ein allzu bekannter Gegner auf diesem Weg ist ein

faszinierendes psychologisches Phänomen – das Hochstapler-Syndrom, auch bekannt als Impostor-Syndrom oder Betrüger-Phänomen. Es ist erstaunlich, wie viele weibliche Führungskräfte daran leiden, massive Selbstzweifel zu haben und unfähig zu sein, ihre eigenen Fähigkeiten, Leistungen und Erfolge anzuerkennen und sie tief in sich aufzunehmen und als Teil ihres Selbstbildes zu akzeptieren.

Du bist eine bemerkenswerte Führungskraft, die täglich Herausforderungen meistert und Großartiges erreicht. Doch trotz offensichtlicher Beweise für dein Können und deine Erfolge glaubst du vielleicht, dass du sie dir nur erschlichen hast. Du neigst dazu, deine Erfolge dem Glück oder dem Zufall zuzuschreiben und dich selbst nicht als würdig zu betrachten. Du fühlst dich wie eine Hochstaplerin, die in ständiger Angst lebt, dass ihr vermeintlicher Mangel an Fähigkeiten entlarvt wird.

Diese Selbstzweifel können dein Denken und Handeln stark beeinflussen. Du zweifelst ständig an deiner eigenen Kompetenz und fühlst dich innerlich wie eine Betrügerin, die bald auffliegen könnte. Selbst wenn du Erfolge erzielst, kannst du sie nicht als deine eigenen anerkennen und sie nicht wirklich verinnerlichen. Das Hochstapler-Syndrom schleicht sich wie ein hinterhältiger Schatten in deine Gedanken ein und flüstert dir zu: „Du bist nicht gut genug! Du verdienst den Erfolg nicht und wirst entlarvt werden!" Doch frage dich selbst: Wer legt fest, wer erfolgreich sein darf? Wer definiert, wer in der Führungsetage Platz nehmen darf? Es sind nicht die kritischen Stimmen der anderen, sondern deine eigene Überzeugung und dein Mut, deine Fähigkeiten einzusetzen. Denke an die Metapher einer wunderschönen, aber scheuen Schmetterlingsart, die ihre Flügel versteckt, um nicht aufzufallen. Sie zweifelt daran, dass sie genauso bunt und beeindruckend ist wie die anderen Schmetterlinge. Doch sobald sie sich ihrer Einzigartigkeit bewusst wird und ihre Flügel voller Stolz entfaltet, wird sie zu einem strahlenden Symbol der Schönheit. Genauso kannst auch du dein Licht erstrahlen lassen und dein volles Potenzial als Führungskraft entfalten.

Ein weiterer Stolperstein auf dem Weg zum Selbstvertrauen ist der Perfektionismus. Es ist, als würdest du dich selbst in einen Kokon einspinnen, in dem alles perfekt sein muss, bevor du dich der Welt präsentieren kannst. Doch bedenke, dass Perfektion eine Illusion ist, die dich davon abhält, voranzuschreiten. Es ist wie der Versuch, den perfekten Sonnenuntergang festzuhalten – ein unmögliches Unterfangen.

Erlaube dir, Fehler zu machen und aus ihnen zu lernen. Erinnere dich an das Bild eines mutigen Künstlers, der den Pinsel auf die Leinwand setzt, ohne zu wissen, wie das fertige Gemälde aussehen wird. Jeder Strich und jede Farbe trägt zur Schönheit des Gesamtkunstwerks bei, auch wenn es nicht perfekt ist. Auch du, liebe Leserin, wirst mit jedem Schritt, den du gehst, weiter wachsen und dich entfalten.

Negative Erfahrungen oder Rückschläge in der Vergangenheit können ebenfalls Selbstzweifel nähren. Vielleicht hast du in der Vergangenheit einen Fehler gemacht oder eine schwierige Situation nicht optimal gemeistert. Doch denke daran, dass diese Erfahrungen dich geformt haben und du daraus lernen konntest. Es ist, als würdest du über einen unebenen Pfad wandern, bei dem jeder Stein, den du überwindest, dich stärker macht. Stelle dir vor, wie du über eine Brücke gehst, die von den Trümmern vergangener Misserfolge gebaut wurde. Mit jedem Schritt überwindest du deine Ängste und Zweifel und wirst zu einer noch stärkeren und resilienteren Führungskraft.

Der innere Kritiker in uns allen kann ebenfalls ein hartnäckiger Gegner sein. Er flüstert uns Zweifel zu und kritisiert jeden Schritt, den wir tun. Doch erinnere dich daran, dass du die Regie in deinem eigenen Leben hast. Stelle dir vor, du bist eine Tänzerin auf einer großen Bühne. Die Musik erklingt und du beginnst eine kraftvolle und anmutige Choreografie. Mit jedem eleganten Schritt und jeder ausdrucksstarken Bewegung zeigst du deine Stärke und Selbstsicherheit. Du lässt dich nicht von den kritischen Stimmen im Publikum beeinflussen, sondern strahlst in deinem eigenen Licht. Dein Tanz ist ein Symbol für deine Entschlossenheit und dein Selbstvertrauen, während du deine eigenen Grenzen immer weiter auslotest und zu neuen Höhen aufsteigst.

In unserer Reise zur Selbstregulation und dem Aufbau eines starken Selbstvertrauens ist es wichtig, auch den schmerzhaften Gefühlen von Scham und Schuldgefühlen Raum zu geben. Diese Emotionen können dich stark beeinflussen und dich daran hindern, dein volles Potenzial zu entfalten. Scham ist diese quälende Angst, nicht liebenswert und nicht dazugehörig zu sein. Sie wurzelt tief in der Überzeugung, dass wir nicht gut genug sind. Bei Frauen tritt Scham häufig in Bezug auf ihr Aussehen oder ihre Mutterrolle auf, selbst ohne Kinder. Männer hingegen fürchten sich oft davor, schwach zu wirken. Scham zu empfinden ist schmerzhaft, daher versuchen wir, sie lieber zu unterdrücken. Wir lenken uns ab, indem wir andere kritisieren, wütend werden oder sie beschuldigen. Wir verurteilen andere in Bereichen, in denen wir selbst Schamgefühle empfinden und nicht fühlen möchten.

Die renommierte Schamforscherin Brené Brown hat weitere Schutzmechanismen entdeckt, die uns vor der Konfrontation mit unserer Scham bewahren sollen. Zum Beispiel das Befürchten des Schlimmsten, wenn etwas Wundervolles passiert, um uns vor zu viel Freude zu schützen. Oder der Perfektionismus, der uns glauben lässt, dass das hervorragende Erledigen von Aufgaben uns vor Schamgefühlen bewahrt. Und schließlich das Betäuben, um den Schmerz der Scham nicht fühlen zu müssen.

Liebe Leserin, um wirklich präsent und verbunden zu sein, um dich zu deinem vollen Potenzial zu entwickeln, musst du dich verletzlich zeigen. Du solltest den Mut aufbringen, über deine Schamgefühle zu sprechen und sie anzuerkennen. Denn nur wenn du offen darüber redest, verlieren diese Gefühle ihre Macht über dich. Genauso verhält es sich mit den Schuldgefühlen. Sie entstehen, wenn wir glauben, etwas falsch gemacht zu haben. Auch hier ist es wichtig, sie anzuerkennen und dich damit auseinanderzusetzen. Denn Schuldgefühle können dich dazu bringen, dich selbst abzuwerten und dein Selbstvertrauen zu untergraben. Im Alltag als weibliche Führungskraft können Scham und Schuldgefühle verheerende Auswirkungen haben. Sie können dich davon abhalten, mutige Entscheidungen zu treffen, dich selbstbewusst zu präsentieren oder deine Meinung zu äußern. Sie können dich in einem Kreislauf der Selbstzweifel gefangen halten und dich daran hindern, dein volles Führungspotenzial auszuschöpfen. Doch es gibt Hoffnung.

Indem du dich deinen Scham- und Schuldgefühlen stellst, kannst du sie überwinden und deine Selbstregulation stärken. Du kannst dir bewusst machen, dass diese Emotionen dich nicht definieren und dass du immer die Wahl hast, dich anders zu fühlen und zu handeln. Du kannst lernen, mitfühlender mit dir selbst umzugehen und dir selbst zu vergeben. Indem du dich mit deinen Gefühlen verbindest und dir erlaubst, verletzlich zu sein, öffnest du die Tür zu einem tieferen Selbstverständnis und einem gesunden Selbstvertrauen.

Im zweiten Teil dieses Buchs werden wir weitere praktische Übungen und Techniken erkunden, um Scham- und Schuldgefühle zu überwinden. Du wirst lernen, wie du dich selbst mit Mitgefühl betrachtest und wie du Strategien entwickelst, um deine Selbstzweifel zu transformieren. Zusammen werden wir die Kraft der Verletzlichkeit entfesseln und deine Fähigkeit zur Selbstregulation und zu starkem Selbstvertrauen stärken.

## Schritte zur Stärkung des Selbstvertrauens

Du hast erkannt, wie wichtig Selbstvertrauen für deine Rolle als weibliche Führungskraft ist. Nun ist es an der Zeit, dir praktische Schritte zur Stärkung deines Selbstvertrauens zu präsentieren. Tauche ein in die Welt der Selbststärkung und lass uns gemeinsam diese aufregende Reise antreten.

### Schritt 1: Das innere Licht entfachen

Stell dir vor, du bist ein Leuchtturm in der Dunkelheit. Deine Aufgabe ist es, dein inneres Licht zum Strahlen zu bringen und allen um dich herum den Weg zu zeigen. Beginne damit, dir deiner Stärken und Erfolge bewusst zu werden. Schau zurück auf all die Momente, in denen du Herausforderungen gemeistert und großartige Leistungen erbracht hast. Lass dein inneres Licht erstrahlen und lass es dich daran erinnern, wie mutig und kompetent du bist.

### Schritt 2: Den inneren Kritiker bezwingen

Jeder von uns hat diesen kleinen, aber hartnäckigen inneren Kritiker, der uns immer wieder Zweifel einflüstert. Aber hier kommt der Clou: Lass uns diesen Kritiker in einen witzigen Clown verwandeln! Stell dir vor, wie er mit roter Nase und riesiger Hose herumhüpft und versucht, dich zu verunsichern. Lache über seine albernen Kommentare und erkenne, dass sie nichts als leere Luft sind. Bezwing den Clown und erkenne, dass du weit mehr bist als seine dummen Worte.

**Schritt 3: Mut zur Imperfektion**

Stell dir vor, du bist ein wundervolles Kunstwerk, aber mit ein paar kleinen Farbklecksen hier und da. Lass uns diese Kleckse feiern und als Zeichen deiner Einzigartigkeit betrachten. Erlaube dir, Fehler zu machen und aus ihnen zu lernen. Denk daran, dass Perfektion eine Illusion ist und dass wahre Stärke darin liegt, deine Schwächen anzuerkennen und dich dennoch selbstbewusst zu präsentieren. Du bist ein Kunstwerk in Bewegung und genau das macht dich besonders.

**Schritt 4: Dein Support-Team aufbauen**

Stell dir vor, du befindest dich in einer lebendigen Küche, die mit köstlichen Zutaten gefüllt ist. Du bist wie eine Spitzenköchin, die ein außergewöhnliches Gericht kreieren möchte. Du stehst vor einer komplexen Herausforderung, bei der du verschiedene Aromen, Texturen und Techniken kombinieren musst, um ein geschmackliches Meisterwerk zu schaffen. Aber du bist nicht allein, denn du bist umgeben von einem Team von talentierten Küchenchefs, die dich bei diesem kulinarischen Abenteuer unterstützen. Jeder Experte und jede Expertin in deinem Team bringen ihre einzigartigen Fähigkeiten und Geschmacksrichtungen mit, genau wie du. Gemeinsam werdet ihr neue Rezepte entdecken, Geschmacksexplosionen zaubern und die

Gaumen der Menschen verzaubern.

### Schritt 5: Kontinuierlich wachsen und die eigene Größe entfalten

Stell dir vor, du bist eine zarte Pflanze, die in einem wunderschönen Garten ihre Wurzeln schlägt. Du hast erkannt, dass das Wachstum kein Sprung ins Unbekannte ist, sondern ein beharrlicher Prozess der Entwicklung und Entfaltung. Du verstehst, dass wahre Stärke und Selbstvertrauen nicht über Nacht entstehen, sondern durch kontinuierliche Arbeit und Hingabe. Das kontinuierliche Wachstum ist ein lebenslanger Prozess, der dich immer wieder vor neue Herausforderungen stellt. Du akzeptierst, dass es auch Rückschläge und Hindernisse geben kann, aber du lässt dich nicht entmutigen. Du nutzt diese Erfahrungen als Lernmöglichkeiten, um dich weiterzuentwickeln und deine Fähigkeiten zu stärken.

Indem du kontinuierlich an dir arbeitest, erkennst du, dass du zu immer größeren Dingen fähig bist. Du wächst nicht nur in deinen beruflichen Fähigkeiten, sondern auch als Mensch. Du entwickelst neue Perspektiven, erweiterst dein Wissen und gewinnst wertvolle Erfahrungen.

### Schritt 6: Von Visionen zu Realitäten

Selbstvertrauen ist der Schlüssel, der dir den Mut gibt, deine Visionen zu verfolgen und deine Träume in die Realität umzusetzen. Es ist der Glaube an dich selbst, der dich antreibt, selbst wenn andere Menschen zweifeln oder Hindernisse deinen Weg erschweren. Wenn es um das Setzen von Zielen geht, ist es wichtig, über den Tellerrand hinauszuschauen und Visionen zu erschaffen, die über das scheinbar Realistische hinausgehen. Sehr oft sind es gerade die vermeintlich unrealistischen Ziele, die uns zu außergewöhnlichen Leistungen antreiben.

Stell dir vor, du bist ein Vogel, der hoch am Himmel schwebt. Von dort oben aus betrachtest du die Welt unter dir und erkennst, dass die Grenzen, die du dir setzt, nur in deinem eigenen Geist existieren. Du erkennst, dass du die Freiheit hast, deine Träume zu verwirklichen und über die vermeintlichen Grenzen hinauszuwachsen. Wenn du an dich selbst glaubst und dich von deinen Visionen leiten lässt, kannst du deine Grenzen erweitern und über das scheinbar Unmögliche hinauswachsen. Du erkennst, dass du die Schöpferin deines eigenen Lebens bist und dass alles, was du dir vorstellen kannst, auch erreichbar ist.

Also lass uns gemeinsam den Himmel erkunden und unsere Flügel ausbreiten, um die Grenzen des Möglichen zu überschreiten. Sei eine Träumerin, sei eine Visionärin und sei bereit, deine eigenen Grenzen zu sprengen. Die Welt wartet darauf, von deinem einzigartigen Potenzial berührt und inspiriert zu werden. Bist du bereit, dich auf die Reise zu begeben und deine Visionen zu verwirklichen?

Liebe Leserin, diese Schritte sind wie Werkzeuge, die dir dabei helfen, das Fundament deines Selbstvertrauens zu stärken. Nutze sie weise und mit Freude. Du bist eine großartige Führungskraft und du verdienst es, in deinem Selbstvertrauen zu erblühen. Jetzt ist es an der Zeit, die Ärmel hochzukrempeln und diese Schritte zu gehen.

Lass dich nicht von den Hindernissen entmutigen, sondern nutze sie als Sprungbrett, um dein Selbstvertrauen zu stärken und über dich selbst hinauszuwachsen. Begib dich nun auf eine Reise der Selbstregulation und des Selbstvertrauens. Erlaube dir, Fehler zu machen, Zweifel zu überwinden und deine Einzigartigkeit zu entfalten. Zeige dich verletzlich, vertraue auf dich selbst und sei stolz auf den Weg, den du bereits zurückgelegt hast. Denn du bist bereit, deine Flügel auszubreiten und mit Selbstvertrauen zu fliegen. Du wirst erstaunt sein, wie stark und selbstbewusst du am Ende dieser Reise sein wirst.

Kapitel 12

# Meistere deine Emotionen und erblühe zu neuer Stärke!

## Bedeutung der Selbstregulation für den beruflichen Erfolg und persönliches Wohlbefinden

Die Bedeutung der Selbstregulation für deinen beruflichen Erfolg und persönliches Wohlbefinden kann nicht genug unterstrichen werden. Als weibliche Führungskraft bist du täglich mit Herausforderungen konfrontiert, sei es im Umgang mit Mitarbeitern, in Verhandlungen oder beim Treffen wichtiger strategischer Entscheidungen. Deine Fähigkeit, deine Emotionen zu kontrollieren und effektiv zu regulieren, wird darüber entscheiden, wie du diese Herausforderungen meisterst.

Stell dir vor, du triffst Entscheidungen basierend auf impulsiven emotionalen Reaktionen anstatt auf einer rationalen Einschätzung der Situation. Du könntest in eine unvorteilhafte Richtung gelenkt werden, die langfristige Auswirkungen auf dich und dein Unternehmen haben kann. Durch die Beherrschung deiner Selbstregulation bist du jedoch in der Lage, deine Emotionen bewusst wahrzunehmen und sie in Einklang mit deinen Zielen und Werten zu bringen. Du kannst rationalere Entscheidungen treffen und eine langfristige Vision verfolgen, die deinen persönlichen Erfolg und den deines Unternehmens fördert.

Angenommen, du verlierst die Beherrschung in stressigen Situationen und deine Kommunikation leidet darunter. Konflikte könnten eskalieren, Missverständnisse könnten entstehen und die Zusammenarbeit im Team könnte beeinträchtigt werden. Indem du jedoch deine Emotionen regulierst, kannst du ruhig und besonnen bleiben, selbst in den schwierigsten Momenten. Du kannst deine Kommunikation verbessern und dadurch klar, konstruktiv und einfühlsam mit anderen interagieren. Dies ermöglicht es dir, eine positive und produktive Arbeitsatmosphäre zu fördern, in der alle ihr Bestes geben und gemeinsam Erfolge erzielen. Wie du erfahren hast, hat die Fähigkeit zur Selbstregulation auch direkte Auswirkungen auf dein persönliches Wohlbefinden. Stell dir vor, du bist ständig von Stress, Frustration und emotionaler Turbulenz geprägt. Deine Gesundheit und dein Wohlbefinden könnten darunter leiden, was sich langfristig auf deine Leistungsfähigkeit auswirken kann.

Durch die Entwicklung der Selbstregulation kannst du eine bessere Harmonie zwischen Beruf und Privatleben erreichen. Du kannst lernen, deine eigenen Bedürfnisse zu erkennen und ihnen genügend Raum und Zeit zu geben. Dadurch steigerst du dein persönliches Wohlbefinden und kannst langfristig eine nachhaltige und erfüllende Karriere als weibliche Führungskraft genießen.

Die Bedeutung der Selbstregulation für deinen beruflichen Erfolg und persönliches Wohlbefinden ist unbestreitbar. Indem du an deiner Selbstregulation arbeitest, kannst du deine Fähigkeiten als Führungskraft verbessern, deine Leistung steigern und eine positive Arbeitskultur schaffen. Gleichzeitig sorgst du für dein persönliches Wohlbefinden, was zu einem erfüllten und ausgeglichenen Leben führt. Sei die Meisterin deiner Emotionen, beherrsche die Kunst der Selbstregulation und öffne dir die Türen zu grenzenlosem Erfolg und Glück.

## Zusammenfassung der wichtigsten Erkenntnisse zu Selbstregulation

Liebe Leserin, wir haben eine aufregende Reise durch die Welt der emotionalen Selbstregulation unternommen, und es ist an der Zeit, die Erkenntnisse zusammenzufassen. Du hast gelernt, dass die Beherrschung der Selbstregulation der Schlüssel zum Erfolg als weibliche Führungskräfte ist. Du hast herausgefunden, dass emotionale Selbstregulation die Fähigkeit ist, deine Emotionen bewusst wahrzunehmen, zu verstehen und sie in Einklang mit deinen Zielen und Werten zu bringen. Indem du diese Fähigkeit entwickelst, kannst du in Stresssituationen einen klaren Kopf bewahren, deine Kommunikation verbessern und bessere Entscheidungen treffen. Die Selbstregulation ermöglicht es dir, deine Emotionen als wertvolle Ressource zu nutzen, anstatt von ihnen überwältigt zu werden.

Während unserer Reise haben wir entdeckt, dass die Führungskräfte, die in der Selbstregulation geschult sind, in der Lage sind, ein harmonisches Arbeitsumfeld zu schaffen, in dem sich Mitarbeiter wertgeschätzt und gehört fühlen. Sie zeigen Empathie und verstehen die Bedürfnisse anderer. Dies führt zu einer gesteigerten Zusammenarbeit, einem besseren Teamgeist und letztendlich zu höherer Produktivität und Erfolg.
Du hast auch gelernt, dass die Selbstregulation in ver-

schiedenen Bereichen eine wichtige Rolle spielt. In der zwischenmenschlichen Kommunikation ermöglicht sie dir, deine Emotionen angemessen auszudrücken und deine Botschaften klar und überzeugend zu vermitteln. Sie hilft dir auch, deine Zeit effektiv zu nutzen, Prioritäten zu setzen und eine ausgewogene Work-Life-Harmonie zu erreichen.

Um die Selbstregulation zu stärken, hast du verschiedene Strategien kennengelernt, wie die Entwicklung von emotionaler Intelligenz, die bewusste Auseinandersetzung mit deinen Gedanken und Gefühlen sowie die Anwendung von Techniken wie der Pomodoro-Technik. Indem du diese Werkzeuge nutzt und kontinuierlich an dir arbeitest, kannst du zu einer selbstbewussten, einfühlsamen und erfolgreichen weiblichen Führungskraft werden.

Insgesamt hast du gelernt, dass die Selbstregulation ein essentieller Bestandteil der Führungskompetenz ist. Sie ermöglicht dir, mit Herausforderungen umzugehen, deine Potenziale auszuschöpfen und dein volles berufliches und persönliches Wachstum zu entfalten. Wenn du dich in der Selbstregulation übst, kannst du zu einem inspirierenden Vorbild werden und einen positiven Einfluss auf dein Team, dein Unternehmen und deine eigene Lebensqualität haben.

## Kraftvolle Gedanken und Motivation zur Stärkung der Selbstregulation

Jetzt, da du die Wichtigkeit der Selbstregulation erkannt hast, möchte ich dir eine eindringliche Botschaft mit auf den Weg geben. Die Zeit ist gekommen, die Verantwortung für deine Emotionen zu übernehmen und die Kunst der Selbstregulation zu erlernen oder noch besser zu meistern. Die negativen Konsequenzen, die ein Mangel an Selbstregulation mit sich bringt, sollten dich dazu motivieren, jetzt zu handeln.

Stell dir vor, du lässt weiterhin zu, dass deine Emotionen die Kontrolle übernehmen. Dein Team leidet unter einer unberechenbaren und unstabilen Führung. Deine zwischenmenschlichen Beziehungen verschlechtern sich, da du aufgrund impulsiver Reaktionen Konflikte heraufbeschwörst. Dein persönliches Wohlbefinden leidet, da du dich ständig gestresst, überfordert und frustriert fühlst. Aber jetzt möchte ich dich ermutigen, dass du die Macht hast, diese negative Spirale zu durchbrechen.

Indem du die Selbstregulation meisterst, wirst du eine Transformation erleben. Du wirst in der Lage sein, deine Emotionen bewusst wahrzunehmen, zu verstehen und zu transformieren. Du wirst authentisch und einfühlsam kommunizieren, Konflikte konstruktiv lösen und eine positive Arbeitskultur schaffen. Als weibliche Führungskraft wirst du zum inspirierenden Vorbild für dein Team und kannst die Potenziale jedes Einzelnen optimal entfalten. Dein beruflicher Erfolg wird wachsen und du wirst ein tieferes persönliches Wohlbefinden erleben, da du die Harmonie zwischen deiner Arbeit und deinem Privatleben findest. Lass mich dir helfen, diesen Weg zu beschreiten. Als Coach stehe ich dir zur Seite, um dich bei der Entwicklung deiner Selbstregulationsfähigkeiten zu unterstützen. Gemeinsam werden wir Techniken und Strategien erarbeiten, um deine Emotionen zu beherrschen und das volle Potenzial deiner Führungskraft zu entfalten. Nimm dir jetzt einen Moment Zeit, um zu reflektieren.

Entscheide dich bewusst dafür, die Selbstregulation zu erlernen und auf die nächste Stufe zu heben. Du verdienst es, eine erfolgreiche und erfüllte weibliche Führungskraft zu sein. Bist du bereit, die Kontrolle über deine Emotionen zu übernehmen und den Weg zum Erfolg zu beschreiten? Jetzt ist der richtige Zeitpunkt, um deine Reise zur Stärkung der Selbstregulation anzutreten. Wage den ersten Schritt und öffne die Tür zu einer aufregenden und erfüllenden Zukunft als selbstbewusste und erfolgreiche weibliche Führungskraft. Die Macht liegt in deinen Händen – ergreife sie und entfalte dein volles Potenzial!

Im zweiten Teil wirst du inspirierende Übungen finden, um deine Selbstregulation auf die nächste Ebene zu bringen und deine innere Stärke weiter zu entfalten. Diese Übungen sind darauf ausgerichtet, dir praktische Werkzeuge an die Hand zu geben, mit denen du deine Emotionen besser verstehen und lenken kannst. Du wirst lernen, wie du dein Selbstvertrauen stärkst, innere Blockaden löst und deine Entscheidungsfindung und strategisches Denken verbessert. Die Übungen sind leicht in den beruflichen Alltag integrierbar und bieten dir die Möglichkeit, deine persönliche Weiterentwicklung gezielt voranzutreiben. Bereite dich darauf vor, deine Selbstregulation auf ein neues Level zu heben und in die beste Version deiner selbst zu wachsen.

# TEIL II

Kapitel 13

# Der meisterhafte Umgang mit schwierigen Emotionen

## Übung 1: Emotionsdetektivin - Wie du deine Emotionen erkennst und verstehst

Willkommen, Emotionsdetektivin! Es ist Zeit, deinen Detektivhut aufzusetzen und deine Emotionen zu entlarven. In dieser Übung wirst du lernen, wie du deine Emotionen erkennst, verstehst und sie nicht mehr die Oberhand gewinnen lässt. Sei bereit, eine wahre Meisterin der Emotionsregulation zu werden. Als Emotionsdetektivin wirst du in der Lage sein, die Geheimnisse hinter deinen Gefühlen zu entschlüsseln und dadurch die Kontrolle über dein emotionales Empfinden zu erlangen. Mach dich bereit für eine aufregende Reise durch die Höhen und Tiefen deiner Emotionen.

### Schritt 1: Den Emotionsraum betreten

Der erste Schritt zum Meistern der Emotionsregulation ist das Betreten des Emotionsraums. Stell dir diesen Raum wie eine bunte, lebendige Landschaft vor, in dem verschiedene Emotionen auf dich warten. Begib dich mutig in diesen Raum und sei bereit, jede einzelne Emotion zu erkunden. Achte auf ihre Farben, ihre Intensität und die körperlichen Empfindungen, die sie auslösen. Sei neugierig und offen für das, was du entdecken wirst.

### Schritt 2: Gefühle identifizieren und benennen

Als Emotionsdetektivin ist es deine Aufgabe, die Gefühle zu identifizieren und ihnen Namen zu geben. Aber Vorsicht, manchmal verstecken sich die Emotionen geschickt und versuchen, sich als andere auszugeben. Es kann sein, dass Wut sich als Frustration tarnt oder dass Traurigkeit sich hinter einer Maske der Müdigkeit verbirgt. Sei aufmerksam und lass dich nicht täuschen! Nimm dir Zeit, jedes Gefühl zu untersuchen und ihm den richtigen Namen zu geben.

Denke als erstes an eine angenehme Situation, zum Beispiel einen besonderen Moment mit deinen Liebsten oder ein Erfolgserlebnis, das du erlebt hast. Nimm dir einen Moment Zeit, um diese Situation in deinem Geist lebendig werden zu lassen. Spüre in dich hinein und beobachte aufmerksam, welche Gefühle sich dabei in dir zeigen. Vielleicht fühlst du Freude, Dankbarkeit, Liebe oder auch eine tiefe Zufriedenheit. Notiere dir diese Gefühle, um sie bewusst zu erfassen und besser zu verstehen. Ergänze: *Die Gefühle, die ich bei dieser Vorstellung wahrgenommen habe, ihre Intensität und die körperlichen Empfindungen, die sie auslösen, beinhalten:*

Im nächsten Schritt denkst du an eine schwierige, unerwünschte oder problematische Situation oder Beziehung. Es kann sich um eine Herausforderung in deinem Beruf, Konflikte mit Kollegen oder sogar um persönliche Krisen handeln. Lass diese Situation in deinem Geist auftauchen und beobachte aufmerksam, welche Gefühle sie in dir auslöst. Vielleicht spürst du Ärger, Frustration, Angst oder Traurigkeit. Es ist wichtig, diese Gefühle anzuerkennen und ihnen Raum zu geben, ohne sie zu verurteilen. Ergänze erneut: *Die Gefühle, die ich bei dieser Vorstellung wahrgenommen habe, ihre Intensität und die körperlichen Empfindungen, die sie auslösen, beinhalten:*

Indem du bewusst die Gefühle in angenehmen und unangenehmen Situationen identifizierst und benennst, erhältst du wertvolle Einsichten über dich selbst. Du lernst deine emotionalen Reaktionen besser zu verstehen und kannst somit gezielter darauf reagieren. Diese Selbstreflexion ermöglicht es dir, einen besseren Umgang mit deinen Emotionen zu entwickeln und dich selbst emotional zu stärken. *Ergänze abschließend deine Erkenntnisse aus dieser Übung:*

**Schritt 3: Die Ursprünge erforschen**

Hinter jeder Emotion steckt eine Geschichte, eine Erfahrung oder ein Bedürfnis. Als Emotionsdetektivin ist es deine Aufgabe, die Ursprünge deiner Gefühle zu erforschen. Was hat zu dieser Emotion geführt? Gibt es bestimmte Auslöser oder Muster, die immer wieder auftreten? Nimm dir Zeit, um in deine Vergangenheit zu tauchen und die Verbindungen zu finden. Dabei ist es wichtig zu verstehen, dass es nicht immer notwendig ist, weit zurückzugehen. Oftmals liegen die Ursachen und Zusammenhänge auch in Situationen, die sich erst kürzlich oder gerade erst abgespielt haben. Es geht nicht darum, die Vergangenheit akribisch aufzuarbeiten, sondern darum, die Wurzeln und Muster zu erkennen, die dich in der Gegenwart beeinflussen. Manchmal werden dir dabei überraschende Erkenntnisse und Zusammenhänge begegnen. Ergänze deine Beobachtungen: *Die Geschichten, Erfahrungen oder Bedürfnisse, die ich hinter den oben genannten Emotionen entdeckt habe, umfassen:*

### Schritt 4: Die Emotionen annehmen und regulieren

Jetzt, da du deine Emotionen erkannt hast, ist es an der Zeit, sie anzunehmen und zu regulieren. Emotionale Selbstregulation bedeutet nicht, deine Gefühle zu unterdrücken oder zu verleugnen. Es geht vielmehr darum, sie bewusst wahrzunehmen, ihre Botschaft zu verstehen und angemessen darauf zu reagieren. Sei sanft zu dir selbst und lerne, deine Emotionen als wertvolle Wegweiser zu betrachten.

Als Emotionsdetektivin wirst du immer besser darin, deine Emotionen zu erkennen und anzunehmen. Du wirst lernen, dich von ihnen nicht mehr überwältigen zu lassen, sondern sie als Kraft und Quelle der Inspiration zu nutzen. Also schnapp dir deine Lupe und deine Detektivausrüstung und tauche ein in das aufregende Abenteuer der Emotionsregulation.

## Übung 2: Emotionsachterbahn - Wie du mit starken Emotionen umgehst und sie in positive Energie umwandelst

Wir alle kennen diese Momente, in denen uns starke Emotionen wie eine Achterbahnfahrt überwältigen. Aber keine Sorge, ich werde dir beibringen, wie du aus dieser Fahrt Energie schöpfst und sie in positive Bahnen lenkst. Steige ein und erlebe, wie du selbst in den turbulentesten Zeiten ruhig und gelassen bleibst. Willkommen zu einer aufregenden Fahrt auf der Emotionsachterbahn! Schnall dich gut an, denn wir werden Höhen und Tiefen erleben, aber am Ende wirst du gestärkt und voller Energie sein.

## Schritt 1: Emotionale Loopings meistern

Genau wie in einer Achterbahn können starke Emotionen manchmal dein Leben auf den Kopf stellen und dich durch wilde Loopings schicken. Aber anstatt dich von ihnen überwältigen zu lassen, wirst du lernen, diese Loopings zu meistern. Du wirst Techniken erlernen, um dich zu beruhigen, dich zu zentrieren und eine positive Perspektive einzunehmen. Lass dich nicht von den Emotionsloopings aus der Ruhe bringen – du hast die Kontrolle.

Nehmen wir an, du bist eine erfahrene Pilotin und navigierst ein Flugzeug durch turbulente Wetterverhältnisse. Plötzlich gerätst du in einen emotionalen Looping, der deine Gedanken und Gefühle durcheinanderwirbelt. Doch anstatt die Kontrolle zu verlieren, nutzt du spezielle Techniken, um diesen Looping zu meistern und sicher auf festem Boden zu landen. Als weibliche Führungskraft bist du oft mit herausfordernden Situationen konfrontiert, die starke Emotionen auslösen können. Es ist wichtig, dass du lernst, diese Emotionen zu erkennen, zu akzeptieren und in positive Bahnen zu lenken.

Eine Methode, um diese Loopings zu meistern, ist die bewusste Emotionsregulation. Beginne damit, deine Emotionen wahrzunehmen und zu benennen. Identifiziere, welche Gefühle in dir aufkommen und benutze dazu präzise Worte. Indem du deine Emotionen klar benennst, schaffst du Distanz zu ihnen und kannst besser damit umgehen. Nun ist es an der Zeit, dass du dich beruhigst und dich zentrierst.

Schließe deine Augen und konzentriere dich auf deine Atmung. Nimm bewusst wahr, wie du ein- und ausatmest, und spüre, wie sich dabei dein Bauch hebt und senkt. Diese einfache Übung des Fokussierens auf deinen Atem kann Wunder wirken, um dich in einen ruhigen und gelassenen Zustand zu versetzen. Die Praxis der Erdung und Achtsamkeit durch die Konzentration auf deine Atmung kann dir helfen, dich selbst zu spüren, deine innere Harmonie wiederherzustellen und eine Entschleunigung zu erleben.

Die Erdung ist von großer Bedeutung, besonders in einer hektischen Welt wie unserer. Wenn du dich nicht selbst spürst und dich ständig in der Hektik des Alltags verlierst, kann das zur Vernachlässigung deiner eigenen Bedürfnisse führen. Du lässt dich von den äußeren Umständen treiben und verlierst den Kontakt zu deinem inneren Kern. Oft fühlt es sich dann so an, als würdest du in Windeseile durch dein Leben rennen, wodurch du dich weniger fokussiert, gestresst und emotional unausgeglichen fühlen könntest. Doch indem du dich regelmäßig erdest und deinen inneren Ruhepunkt findest, wirst du in der Lage sein, deine innere Stärke und Klarheit wiederzuerlangen. Du wirst besser mit Herausforderungen umgehen können, deine Emotionen regulieren und bewusstere Entscheidungen treffen. Die Erdung verbindet dich mit deinem inneren Selbst und hilft dir, deine Wurzeln zu spüren und in deiner eigenen Mitte zu bleiben.

Bei der Verbindung mit deinem inneren Selbst spielt auch die Zirbeldrüse, auch bekannt als das „dritte Auge“ oder das „innere Auge“, eine faszinierende Rolle. Sie ist ein kleines, zapfenförmiges Organ in deinem Gehirn, das eine Vielzahl von Funktionen hat. Die moderne Neurowissenschaft hat erstaunliche Erkenntnisse über die Zirbeldrüse gewonnen und ihre Bedeutung für unser emotionales Wohlbefinden und unsere spirituelle Verbindung.

Die Zirbeldrüse ist eng mit dem Hormon Melatonin verbunden, das unseren Schlaf-Wach-Rhythmus reguliert. Sie spielt jedoch auch eine wichtige Rolle bei der Regulation von Emotionen, Intuition und dem Zugang zu höheren Bewusstseinsebenen. Sie ist wie ein Tor zu deinem inneren Selbst und ermöglicht dir, in tiefere Dimensionen deines Wesens einzutauchen.

Es ist bekannt, dass bestimmte Faktoren zur Gesundheit und Funktionsfähigkeit der Zirbeldrüse beitragen können. Unter anderem spielen Omega-3-Fettsäuren und Vitamin D eine wichtige Rolle. Omega-3-Fettsäuren, die in hochwertigen Ölen, Nüssen und Samen enthalten sind, können dabei helfen, Entzündungen im Körper zu reduzieren und die Durchblutung zu verbessern. Eine gute Durchblutung ist essentiell für eine optimale Funktion der Zirbeldrüse. Darüber hinaus sind Omega-3-Fettsäuren als Nahrungsergänzungsmittel eine wertvolle Ergänzung zu einer gesunden Ernährung.

Auch Vitamin D, das unter bestimmten Voraussetzungen entweder durch Sonnenlicht oder als Kapseln oder Tropfen aufgenommen werden kann, ist von Bedeutung. Es wird angenommen, dass ein Mangel an Vitamin D die Zirbeldrüse beeinflussen und ihre Funktion beeinträchtigen kann. Daher ist es wichtig, sicherzustellen, dass du ausreichend Vitamin D in deinem Körper hast. Darüber hinaus gibt es ein spezielles Zell-Spray, das du als zusätzlichen Schritt in Betracht ziehen kannst. Die speziellen Inhaltsstoffe können dabei helfen, deine Zirbeldrüse zu reinigen und ihre Funktion zu optimieren.

Indem du dich um die Pflege deiner Zirbeldrüse und deine gesamte körperliche und emotionale Gesundheit kümmerst, öffnest du dich für eine tiefere Verbindung mit deinem inneren Selbst. Du wirst empfänglicher für Intuition, Kreativität und Inspiration und fühlst dich geerdeter. Dies ermöglicht dir, dich besser auf deine inneren Führungsqualitäten zu verlassen und die Weisheit deines Herzens zu nutzen.

Eine weitere effektive Methode, um emotionale Loopings zu meistern, ist die Perspektivwechsel-Technik. Stell dir vor, du betrachtest die Situation aus einer neutralen und objektiven Position. Frage dich, welche Alternativen und Lösungen es gibt und welchen positiven Aspekt du aus der Situation ziehen kannst. Wenn du bewusst eine positive Perspektive einnimmst, kannst du den Looping in eine wertvolle Lernerfahrung verwandeln. Denke daran, dass du die Kontrolle über deine Emotionen hast. Du bist die Pilotin deines eigenen emotionalen Flugs. Indem du diese Techniken anwendest und bewusst mit deinen Emotionen umgehst, wirst du souverän und selbstbewusst durch die Loopings des Lebens navigieren.

## Schritt 2: Die Power des G-Kraft-Managements

In einer Achterbahn spürst du die G-Kräfte, die auf deinen Körper wirken. Genauso wirken starke Emotionen auf dich ein. Aber anstatt dich von ihnen überwältigen zu lassen, wirst du lernen, das G-Kraft-Management zu beherrschen. Du wirst Strategien kennenlernen, um dich selbst zu stabilisieren und wieder ins Gleichgewicht zu bringen. Du wirst lernen, dich selbst zu zentrieren und deine Energie in wertvolle Bahnen zu lenken.

Stell dir vor, du bist eine erfahrene Formel-1-Fahrerin und beschleunigst mit rasanter Geschwindigkeit über die Rennstrecke. Die G-Kräfte, die dabei auf deinen Körper wirken, sind enorm. Genauso wie in diesem atemberaubenden Rennsport spürst du auch als weibliche Führungskraft starke Emotionen, die auf dich einwirken. Das G-Kraft-Management beinhaltet Strategien, um dich selbst zu erden, deine Energie zu regulieren und ins Gleichgewicht zu kommen.

Eine effektive Methode, um dies zu erreichen, ist das bewusste Body-Mind-Connecting. Nimm dir bewusst Zeit, um in deinen Körper hineinzuhorchen. Spüre deine Füße fest auf dem Boden, fühle die Verbindung zur Erde. Achte auf deine Körperhaltung und halte dich bewusst aufrecht. Indem du dich selbst stabilisierst und deine Wahrnehmung auf deinen Körper lenkst, bringst du dich in einen zentrierten und ausgeglichenen Zustand. Eine weitere Strategie, um dein G-Kraft-Management zu beherrschen, ist die bewusste Energieumlenkung.

Stell dir vor, dass du die Energie, die durch deine Emotionen entsteht, in eine positive Richtung lenkst. Wenn du zum Beispiel Wut oder Frustration spürst, kanalisiere diese Energie in konstruktive Handlungen. Nutze deine Emotionen als Antriebskraft, um Hindernisse zu überwinden und Herausforderungen anzunehmen. Durch die bewusste Umlenkung deiner Energie wirst du in der Lage sein, deine Emotionen zu nutzen und deine Ziele zu erreichen. Das G-Kraft-Management erfordert auch die Fähigkeit, Prioritäten zu setzen und gut für dich selbst zu sorgen.

Als weibliche Führungskraft bist du oft vielen Anforderungen und Erwartungen ausgesetzt. Lerne, deine eigenen Grenzen zu erkennen und achtsam für dein Wohlbefinden zu sorgen. Setze klare Prioritäten und sage auch mal „Nein", wenn es notwendig ist. Indem du auf dich selbst achtest und deine Energie bewusst lenkst, wirst du langfristig im Einklang mit dir selbst bleiben und deine Leistungsfähigkeit steigern.

### Schritt 3: Den Adrenalinkick genießen

In einer Achterbahn suchst du nach dem Adrenalinkick, nach dem Gefühl der Aufregung und des Nervenkitzels. Genauso kannst du lernen, den Adrenalinkick von starken Emotionen zu genießen. Du wirst lernen, dich von der Intensität mitreißen zu lassen und sie als Antriebskraft für positive Veränderungen zu nutzen. Du wirst erkennen, dass starke Emotionen dir eine erstaunliche Energiequelle bieten können.

Stell dir vor, du bist eine wagemutige Extremsportlerin, die sich in luftige Höhen wagt und den Nervenkitzel sucht. Genau wie bei einem atemberaubenden Sprung aus dem Flugzeug, kannst du als weibliche Führungskraft lernen, den Adrenalinkick von starken Emotionen zu nutzen. Starke Emotionen sind wie ein Adrenalinkick, der dich mit Energie und Aufregung erfüllt. Anstatt dich von ihnen überwältigen zu lassen, nimm sie als Chance wahr, um deine Komfortzone zu verlassen und mutige Schritte zu gehen. Wenn du zum Beispiel Angst spürst, bedeutet das oft, dass du vor einer neuen Herausforderung stehst. Lerne, diese Energie als Ansporn zu nutzen und dich selbst zu motivieren, die Situation anzugehen. Indem du dich vom Adrenalinkick mitreißen lässt, wirst du den Mut finden, über dich selbst hinauszuwachsen.

Eine weitere Möglichkeit, den Adrenalinkick von starken Emotionen zu nutzen, ist die Fokussierung auf positive Veränderungen. Oftmals entstehen starke Emotionen in Situationen, die eine Veränderung erfordern. Nutze diese Energie, um aktiv an Lösungen zu arbeiten und positive Veränderungen herbeizuführen. Lass dich von der Aufregung und dem Nervenkitzel antreiben, um innovative Ideen zu entwickeln und kreative Lösungswege zu finden. Wenn du den Adrenalinkick als Antrieb für positive Veränderungen nutzt, wirst du erstaunliche Ergebnisse erzielen.

Es ist auch wichtig, den Adrenalinkick als einen Teil deines Lebens zu akzeptieren und ihn bewusst zu genießen. Statt dich gegen starke Emotionen zu wehren, nimm sie als natürlichen Bestandteil deiner Reise als weibliche Führungskraft an. Erlaube dir, die Intensität zu spüren und sei bereit, dich von ihnen mitreißen zu lassen. Dadurch, dass du den Adrenalinkick genießt und die Energie starker Emotionen akzeptierst, wirst du dich als leidenschaftliche und lebendige Führungskraft entfalten.

**Schritt 4: Die Zielgerade erreichen**

Jede Achterbahnfahrt hat ein Ende und auch deine Reise mit starken Emotionen wird vorbeigehen. Aber du wirst gestärkt und voller positiver Energie aus dieser Fahrt herauskommen. Du wirst lernen, wie du diese Energie in deine berufliche und persönliche Entwicklung integrieren kannst. Du wirst erkennen, dass starke Emotionen nicht deine Feinde sind, sondern deine Verbündeten auf dem Weg zu mehr Erfolg und Erfüllung.

Stell dir vor, du bist bei einer Marathonveranstaltung und siehst das Ziel vor dir. Du spürst die Erschöpfung in deinen Beinen, aber gleichzeitig fühlst du auch die Euphorie und Dankbarkeit, dass du es bis hierhin geschafft hast. Genau wie beim Marathon wirst du als weibliche Führungskraft lernen, die Zielgerade zu erreichen und gestärkt aus deiner Reise mit starken Emotionen hervorzugehen.

Der Weg mit starken Emotionen mag herausfordernd sein. Zunächst einmal ist es wichtig, deine Ziele klar vor Augen zu haben. Definiere, was du erreichen möchtest, sei es in deiner Karriere, deinem Team oder persönlichem Wachstum. Setze dir mutige und motivierende Ziele, die dich vorantreiben und dir eine klare Richtung geben. Als nächstes ist es entscheidend, die Energie starker Emotionen gezielt einzusetzen.

Nutze die positiven Emotionen wie Begeisterung, Leidenschaft und Entschlossenheit, um dich auf deine Ziele zu fokussieren und sie mit voller Hingabe zu verfolgen. Lerne, wie du negative Emotionen wie Frustration oder Ängste in positive Energie umwandelst, indem du sie als Ansporn nimmst, Hindernisse zu überwinden und aus Fehlern zu lernen. Erfolgreiche weibliche Führungskräfte wissen auch, dass der Weg zum Ziel oft von Rückschlägen und Herausforderungen gesäumt ist. Hier kommt deine mentale Stärke ins Spiel. Entwickle eine positive Denkweise, die dich in schwierigen Zeiten auf Kurs hält und dich dazu ermutigt, niemals aufzugeben. Nutze Affirmationen, Visualisierungen oder andere Techniken, um dich selbst zu motivieren und an deine Fähigkeiten zu glauben.

Ein weiterer wichtiger Aspekt, um die Zielgerade zu erreichen, ist die Unterstützung durch ein starkes Netzwerk. Umgib dich mit Menschen, die an dich glauben und dich unterstützen. Das können Mentoren, Kollegen oder Freunde sein, die dich ermutigen, dir helfen und dich bei deinem Vorhaben unterstützen. Gemeinsam bildet ihr ein unschlagbares Team, das dich auf dem Weg zu deinen Zielen begleitet.

Nutze die besprochenen Schritte und du wirst erkennen, dass du die Kontrolle hast und dass du deine Emotionen für dich arbeiten lassen kannst. Also schnall dich gut an und genieße die Fahrt – es wird eine unvergessliche Reise!

**Expertentipp: Die Geheimnisse der Emotionsregulation von erfolgreichen Führungskräften**

Hast du dich jemals gefragt, wie erfolgreiche Führungskräfte ihre Emotionen im Griff haben? Bist du bereit, ihre bewährten Strategien und Techniken zu entdecken, die dir dabei helfen, selbst in herausfordernden Situationen einen kühlen Kopf zu bewahren?

In der Welt der Führung ist emotionale Intelligenz von entscheidender Bedeutung. Es geht darum, deine eigenen Emotionen zu erkennen, zu verstehen und angemessen darauf zu reagieren. Erfolgreiche Führungskräfte haben gelernt, ihre Emotionen als Ressource zu nutzen, anstatt von ihnen überwältigt zu werden. Sie wissen, dass Selbstregulation der Schlüssel zum langfristigen Erfolg ist. Mit den richtigen Strategien kannst auch du lernen, deine Emotionen zu beherrschen und in schwierigen Situationen einen klaren Kopf zu bewahren. Diese bewährten Techniken werden dein Verständnis von Selbstregulation revolutionieren und dir helfen, zu einer souveränen und einfühlsamen Führungspersönlichkeit zu werden.

Bereit, in die Welt der emotionalen Intelligenz einzutauchen? Dann lass uns gemeinsam die Geheimnisse erfolgreicher Führungskräfte enthüllen und erlerne weitere Schlüsselwerkzeuge, um deine Emotionen zu meistern. Egal ob du vor großen Herausforderungen stehst oder einfach nur daran interessiert bist, dich persönlich weiterzuentwickeln - diese Tipps werden dir helfen, die Kontrolle über deine Emotionen zu erlangen und souverän zu agieren.

### Der „Emotions-Check“

Erfolgreiche Führungskräfte sind wahre Meister im Erkennen ihrer eigenen Emotionen. Sie machen regelmäßig einen „Emotions- Check“ und nehmen sich bewusst Zeit, um ihre Gefühle zu reflektieren. Indem sie ihre Emotionen identifizieren und benennen können, gewinnen sie Klarheit und können rationalere Entscheidungen treffen. Also, beginne damit, selbst den „Emotions- Check“ durchzuführen und lerne, deine eigenen Emotionen zu erkennen und zu verstehen.

### Die „Emotions-Garderobe“

Stell dir vor, du hättest eine magische Garderobe, in der du verschiedene Emotionen aufbewahren kannst. Erfolgreiche Führungskräfte wissen, wie sie ihre Emotionen bewusst wählen können, je nach Situation und Aufgabe. Sie können in ihrer „Emotions-Garderobe“ nach der passenden Emotion suchen, sei es Entschlossenheit, Gelassenheit oder Begeisterung. Entdecke auch deine „Emotions-Garderobe“ und lerne, die richtige Emotion zur richtigen Zeit einzusetzen.

### Das „Emotions-Detektiven“-Team

Erfolgreiche Führungskräfte haben ein starkes Unterstützungssystem um sich herum - ihr „Emotions-Detektiven“-Team. Diese Menschen helfen ihnen dabei, ihre Emotionen zu verstehen und zu regulieren. Sie können Freunde, Mentoren oder Coaches sein, die sie bei schwierigen Situationen unterstützen und ihnen Feedback geben. Finde auch dein eigenes „Emotions-Detektiven“-Team und lass sie dir dabei helfen, deine Emotionsregulation zu stärken.

### Die „Emotions-Oase“

Inmitten des hektischen Führungsalltags wissen erfolgreiche Führungskräfte, wie wichtig es ist, eine „Emotions-Oase“ zu schaffen. Das ist ein Ort oder eine Aktivität, bei der sie abschalten können und ihre Emotionen zur Ruhe kommen lassen. Ob es nun eine Meditation, ein Spaziergang in der Natur oder das Lesen eines inspirierenden Buches ist - finde auch deine persönliche „Emotions- Oase“ und nimm dir regelmäßig Zeit für dich selbst.

Kapitel 14

# Gelassen und konzentriert trotz beruflichen Turbulenzen

**Übung 3: Der Power-Reset - Wie du dich in stressigen Situationen schnell beruhigst und fokussiert bleibst**

Stressige Situationen gehören zum Alltag einer Führungskraft, aber das bedeutet nicht, dass du dich von ihnen überwältigen lassen musst. Mit einer kraftvollen Übung wirst du lernen, wie du dich in kürzester Zeit beruhigst und deine Konzentration auf das Wesentliche lenkst. Mach dich bereit, die Königin der Gelassenheit zu werden.

Bist du bereit, einen wahren Superpower-Trick zu erlernen? Wenn es in stressigen Situationen brenzlig wird und deine Nerven blank liegen, brauchst du ein Ass im Ärmel, um dich schnell zu beruhigen und fokussiert zu bleiben. Also schnall dich an, denn hier kommt der Power-Reset.

Der Power-Reset ist deine geheime Waffe gegen Stress und Überforderung. Mit dieser Technik wirst du imstande sein, deine Emotionen zu kontrollieren und deine innere Stärke zu aktivieren. Hier sind die Schritte zum Power-Reset:

**Schritt 1: Der „Löwen-Atem“**

Stell dir vor, du wärst ein stolzer und mächtiger Löwe. Atme tief ein und spanne dabei all deine Muskeln an. Spüre die Energie, die in dir aufsteigt. Und jetzt, lass los! Stoße den Atem mit einem kräftigen Brüllen aus und fühle, wie sich die Anspannung aus deinem Körper löst. Du bist bereit, dich dem Stress entgegenzustellen! Wenn du Schwierigkeiten hast, dich ganz auf den Löwen-Atem einzulassen oder deine Hemmschwelle zu überwinden, kannst du ein Kissen verwenden. Halte das Kissen fest in deinen Händen und stelle es dir als Symbol für deine Ängste und Hemmungen vor. Beim Ausatmen brüllst du all deine Zweifel und Unsicherheiten in das Kissen hinein, während du es kräftig drückst. Spüre, wie die Befreiung von Hemmungen und Ängsten durch deinen Körper strömt.

### Schritt 2: Die „Power-Posen“

Nimm eine selbstbewusste und kraftvolle Körperhaltung ein. Strecke deine Arme weit aus, richte deine Wirbelsäule auf und setze ein breites Lächeln auf. Du wirst erstaunt sein, wie sehr deine Körperhaltung deine Emotionen beeinflusst. Die Power-Posen senden Signale an dein Gehirn, dass du stark und selbstsicher bist - egal wie herausfordernd die Situation ist.

### Schritt 3: „Power Shake”: Stressabbau durch energiegeladenes Schütteln

Der „Power Shake” ist eine einfache und effektive Möglichkeit, um Stress abzubauen und deinen Körper und Geist zu revitalisieren. Diese Übung beinhaltet das Nachahmen des natürlichen Schüttelns von Tieren, um Spannungen abzubauen und eine schnelle Regeneration zu erreichen. Warum funktioniert das? Wenn du dich wie ein Hund schüttelst, nutzt du eine angeborene Fähigkeit, um den Körper zu resetten. Tiere, insbesondere Hunde, schütteln sich instinktiv, um Stress und

Anspannung abzubauen und wieder in einen ausgeglichenen Zustand zu gelangen. Der Grund dafür liegt in der Funktionsweise des autonomen Nervensystems. Wenn wir gestresst sind, aktiviert sich der sympathische Teil des Nervensystems, der für die „Kampf-oder Flucht“-Reaktion verantwortlich ist. Dies führt zu erhöhtem Herzschlag, Muskelanspannung und einer Reihe anderer körperlicher Symptome.

Durch das bewusste Schütteln imitiert die “Power Shake” Übung die natürliche Reaktion von Tieren und aktiviert den parasympathischen Teil des Nervensystems. Dieser Teil ist für die Entspannungs- und Regenerationsprozesse des Körpers zuständig. Wenn du dich schüttelst, sendest du Signale an deinen Körper, dass es Zeit ist, in den Entspannungsmodus zu wechseln.

Das Schütteln hilft dabei, die Muskeln zu lockern, die Durchblutung zu verbessern und den Energiefluss im Körper anzuregen. Es ermöglicht eine schnelle Entspannung, löst körperliche Spannungen und fördert ein Gefühl von Erleichterung und Wohlbefinden. Daher ist das Schütteln in der Power-Reset Übung ein wirksamer Weg, um Stress abzubauen und dich schnell wieder in einen zentrierten und entspannten Zustand zu bringen. Egal ob du dich in einer stressigen Situation befindest oder einfach nur deine Energie revitalisieren möchtest, diese Übung kann dir helfen, dich zu erholen und gestärkt weiterzumachen.

### Schritt 4: Die „Gedanken-Meditation“

Schließe deine Augen und konzentriere dich auf positive und ermutigende Gedanken. Visualisiere dich selbst in einer erfolgreichen Situation und spüre die Freude und die Dankbarkeit, die damit einhergehen. Lass negative Gedanken und Zweifel los und fokussiere dich auf das Positive. Du hast die Kontrolle über deine Gedanken und kannst sie nutzen, um dich zu stärken.

Mit dem Power-Reset wirst du in der Lage sein, stressige Situationen mit Klarheit und Gelassenheit zu meistern. Du wirst dich selbst überraschen, wie schnell du dich beruhigen und fokussieren kannst, selbst wenn das Chaos um dich herumtobt. Also schnapp dir dein Cape, werde zur Heldin deiner eigenen Geschichte und meistere die Kunst der Selbstregulation mit dem Power-Reset.

### Übung 4: Der Konzentrationstrick - Wie du Ablenkungen minimierst und deine Produktivität steigerst

Der Büroalltag kann manchmal wie ein wahrer Zirkus sein - mit all den Ablenkungen und Jonglierakten, die deine Konzentration stören. Aber keine Sorge, ich habe den ultimativen Konzentrationstrick für dich. Lerne, wie du Ablenkungen minimierst und deine Produktivität auf ein neues Level bringst. Zeige dem Zirkus die rote Karte! Du kennst das sicherlich: Du setzt dich voller Tatendrang an deinen Schreibtisch, bereit, durchzustarten und plötzlich... ping! Eine Benachrichtigung auf deinem Handy. Oder eine E-Mail poppt auf deinem Bildschirm auf. Und zack, schon ist die Konzentration dahin. Möglicherweise war es aber auch nur ein flüchtiger Gedanke an andere Aufgaben, die du erledigen möchtest, der deine Aufmerksamkeit geraubt hat. Aber keine Sorge, mit dem Konzentrationstrick wirst du Ablenkungen minimieren und deine Produktivität auf ein neues Level bringen. Bereit? Los geht's!

**Schritt 1: Die „No-Go-Zone"**

Richte eine „No-Go-Zone" auf deinem Schreibtisch ein. Das ist der Bereich, in dem alle potenziellen Ablenkungen keinen Zutritt haben. Platziere dein Handy außer Reichweite, schließe alle unnötigen Tabs auf deinem Computer und lege alles beiseite, was dich vom Wesentlichen ablenken könnte. Verbanne schließlich alle Gedanken, die nichts mit deiner aktuellen Aufgabe zu tun haben. Dieser Bereich ist deine Konzentrations-Oase!

**Schritt 2: Die „Super-Fokus-Musik"**

Wusstest du, dass Musik deine Konzentration steigern kann? Wähle eine Playlist mit motivierender und instrumentaler Musik, die deine Produktivität ankurbelt. Mit dem richtigen Beat im Hintergrund wirst du in den Arbeitsflow eintauchen und Ablenkungen vergessen. Lass die Musik deine Superkraft sein.

**Schritt 3: Die „Zeit-Challenge"**

Setze dir klare Zeitintervalle für deine Aufgaben. Fordere dich selbst heraus, in einer bestimmten Zeit ein bestimmtes Ziel zu erreichen. Durch das Setzen von Zeitlimits förderst du den Fokus und verhinderst, dass du dich in endlosen Aufgaben verlierst. Die Zeit-Challenge hält dich auf Kurs und bringt dich schneller zum Erfolg.

**Schritt 4: Die „Belohnungs-Feier"**

Belohne dich nach erfolgreicher Konzentration. Nachdem du eine Aufgabe abgeschlossen hast, gönne dir eine kurze Pause und feiere deinen Erfolg. Das kann ein leckerer Snack, eine Tasse deines Lieblings-Tees oder ein kleiner Spaziergang sein. Die Belohnungs-Feier motiviert dich, konzentriert zu bleiben und bringt Spaß in deinen Arbeitsalltag.

Mit dem Konzentrationstrick wirst du die Königin der Produktivität. Ablenkungen werden keine Chance mehr haben, dich von deinen Zielen abzubringen. Also schnapp dir deine Superkraft, schalte den „Ablenkungsmodus" aus und rocke deine Aufgaben wie eine wahre Emotionsmeisterin.

**Expertentipp: Selbstregulation als Schlüssel zum Erfolg - Praxisbeispiele erfolgreicher Frauen**

Erfolgreiche Frauen haben ein Geheimnis, das sie an die Spitze gebracht hat - Selbstregulation. In diesem Expertentipp wirst du erfahren, wie sie durch die Beherrschung ihrer Emotionen ihre Karriere aufblühen ließen. Lass dich inspirieren und entfessle dein volles Potenzial. Hier sind einige kraftvolle Punkte für dich:

### Gelassenheit trotz unvorhergesehener Herausforderungen

Die bemerkenswerte Fähigkeit, in turbulenten Zeiten die Ruhe zu bewahren, ist eine wichtige Eigenschaft erfolgreicher Frauen. Egal, ob es um wichtige Verhandlungen geht oder um unvorhergesehene Herausforderungen, sie behalten stets einen klaren Kopf und treffen fundierte Entscheidungen. Wie schaffen sie das? Durch bewusste Atemübungen und das Visualisieren ihrer Ziele, um ihre Emotionen zu kontrollieren und in positive Energie umzuwandeln. Sie wissen, dass der Atem eine mächtige Ressource ist, um sich zu zentrieren und den Fokus zurückzugewinnen. Daher nehmen sie sich regelmäßig Zeit, um bewusst und tief zu atmen, wodurch sie ihre innere Ruhe stärken und negative Emotionen loslassen können. Darüber hinaus nutzen sie die Kraft der Visualisierung, um sich ihre Ziele und Erfolge lebhaft vorzustellen. Indem sie sich in ihrem Geist in Situationen des Erfolgs und der Gelassenheit versetzen, programmieren sie ihr Unterbewusstsein auf Erfolg und erzeugen eine positive Energie, die sie in herausfordernden Momenten stärkt. Wie viel gelassener könntest du sein, wenn du ihre Strategien selbst anwendest?

### Reflexion über ihr eigenes Verhalten

Erfolgreiche Frauen habe eine weitere besondere Fähigkeit: Sie reflektieren regelmäßig über ihr eigenes Verhalten und ihre Reaktionen. Durch diese bewusste Selbstreflexion erkennen sie ihre Stärken und Schwächen, lernen aus Fehlern und wachsen kontinuierlich als Führungspersönlichkeit. Sie nehmen sich regelmäßig Zeit, um über vergangene Ereignisse, Entscheidungen und Interaktionen nachzudenken. Sie stellen sich kritische Fragen wie „Was habe ich richtig gemacht?", „Was hätte ich besser machen können?" und „Wie kann ich mich weiterentwickeln?" Indem sie offen und ehrlich mit sich selbst sind, ohne sich in einer Endlosschleife der Selbstkritik zu verlieren, gewinnen sie wertvolle Erkenntnisse und entwickeln neue Ansätze für ihre zukünftigen Handlungen.

Die folgenden 22 Fragen können dir als Leitfaden dienen, um schwierige Situationen positiver zu betrachten und den positiven Ausblick in herausfordernden Momenten aufrechtzuerhalten. Besuche die Bonusseite auf https://lukastobler.com/bonus, um die Fragen auszudrucken und jederzeit griffbereit zu haben. Sie helfen dir dabei, dich auf das Positive zu fokussieren und neue Perspektiven zu gewinnen.

- Was kann ich aus dieser Situation lernen?
- Welche neuen Möglichkeiten oder Chancen ergeben sich durch diese Situation?
- Welche Stärken kann ich in dieser Situation einsetzen?
- Wie kann ich mein Wachstum und meine Entwicklung durch diese Erfahrung fördern?
- Welche positiven Aspekte kann ich inmitten dieser Schwierigkeit finden?
- Welche neuen Perspektiven oder Lösungsansätze könnten sich mir eröffnen?
- Wie kann ich meine Kommunikation verbessern,

um Missverständnisse zu vermeiden?

- Welche Ressourcen stehen mir zur Verfügung, um diese Situation erfolgreich zu bewältigen?
- Wie kann ich mein Selbstvertrauen stärken, um souverän und selbstsicher zu agieren?
- Welche kleinen Schritte kann ich unternehmen, um mich aus der Opferrolle zu befreien?
- Welche positiven Beiträge habe ich bereits geleistet, die ich anerkennen und feiern kann?
- Wie kann ich meine Selbstfürsorge in dieser herausfordernden Zeit verstärken?
- Welche Unterstützung kann ich von meinem Team, Kollegen oder Mentoren erhalten?
- Wie kann ich meine Emotionen konstruktiv ausdrücken und sie in positive Energie umwandeln?
- Wie kann ich meine Flexibilität und Anpassungsfähigkeit in unvorhersehbaren Situationen stärken?
- Wie kann ich meinen Fokus auf positive Ziele und Visionen lenken, anstatt mich auf das Negative zu konzentrieren?
- Welche positiven Veränderungen kann ich durch mein eigenes Handeln in dieser Situation bewirken?
- Wie kann ich meine Erfolge und Fortschritte in schwierigen Momenten erkennen und würdigen?
- Wie kann ich meine persönlichen Werte und Ziele in Einklang mit den aktuellen Herausforderungen bringen?
- Wie kann ich meine Dankbarkeit für das Gute in meinem Leben in den Vordergrund stellen, um positive Energie zu erzeugen?
- Wie kann ich meine Resilienz stärken, um besser

mit zukünftigen Herausforderungen umzugehen?
- Wie kann ich meine Selbstreflexion nutzen, um meine eigenen Denkmuster und Verhaltensweisen zu erkennen und positiv zu verändern?

Plane regelmäßige Reflektionszeiten ein, führe Tagebuch oder tausche dich mit Mentoren oder Vertrauenspersonen aus, um verschiedene Perspektiven einzunehmen und dich kontinuierlich weiterzuentwickeln. Bist du bereit, die Meisterin der Selbstreflexion zu werden und dein volles Potenzial als Führungskraft zu entfalten?

**Meisterinnen des Energie-Managements**

Erfolgreiche Frauen kennen das Geheimnis, wie sie ihre Energie optimal einsetzen. Sie haben erkannt, dass regelmäßige Pausen und bewusste Erholungszeiten essentiell sind, um ihre Selbstregulation aufrechtzuerhalten. Mit ihrer positiven Energie und ihrer Fähigkeit, sich selbst zu motivieren, bewältigen sie Herausforderungen mit Leichtigkeit.

Wie viel produktiver und ausgeglichener könntest du sein, wenn du ihr Geheimnis des Energie-Managements selbst anwendest? Wenn du regelmäßige Pausen in deinen Arbeitsalltag integrierst und bewusste Erholungszeiten einplanst, kannst du deine Energie optimal nutzen und aufrechterhalten. Lerne von ihren Erfahrungen und du wirst in der Lage sein, deine Energie effektiv einzusetzen, stressige Situationen zu meistern und in allen Bereichen deines Lebens eine optimale Performance zu erzielen.

Kapitel 15

# Transformative Führung: Souverän die Teamdynamik und Mitarbeitermotivation steuern

## Übung 5: Die empathische Superheldin - Wie du deine emotionale Intelligenz stärkst und effektive Kommunikation förderst

Willkommen, liebe Superheldin! In dieser Übung wirst du deine emotionale Intelligenz auf eine epische Reise schicken und zu einer einfühlsamen Abenteurerin werden. Bist du bereit, deine Kommunikationsfähigkeiten zu entfesseln und neue Höhen der Empathie zu erklimmen? Dann schnall dich an, denn hier beginnt deine emotionale Expedition, bei der du die Geheimnisse des inneren Kompasses entschlüsseln wirst.

### Schritt 1: Die Identitätsfindung

Jede Superheldin braucht einen coolen Namen und eine einzigartige Identität. Bist du die Verständnisvolle? Die Einfühlsame? Oder vielleicht die Mitfühlende? Wähle einen Namen, der deine empathischen Kräfte widerspiegelt und dich motiviert, deine emotionale Intelligenz zu entfesseln. Schreibe jetzt den Namen unten hin:

### Schritt 2: Die Superkraft des Zuhörens

Eine echte Superheldin weiß, dass Zuhören der Schlüssel zu effektiver Kommunikation ist. Nimm dir Zeit, um wirklich präsent zu sein und aktiv zuzuhören, wenn andere sprechen. Achte auf verbale und nonverbale Signale, um die Bedürfnisse, Gefühle und Perspektiven deiner Gesprächspartner zu verstehen. Zusätzlich zum aktiven Zuhören ist es auch wichtig, eine offene und wertungsfreie Haltung einzunehmen.

Bemühe dich, Vorurteile und vorgefasste Meinungen beiseite zu lassen. Sei bereit, neue Perspektiven zu entdecken und unterschiedliche Meinungen anzuerkennen. Durch diese Offenheit schaffst du eine Atmosphäre des Vertrauens und der Wertschätzung, die es deinen Gesprächspartnern ermöglicht, sich frei auszudrücken und ihre Gedanken und Gefühle mitzuteilen.

Darüber hinaus kannst du auch nonverbale Signale der Unterstützung senden, indem du Blickkontakt herstellst, nickst, lächelst oder andere positive Körpersprache verwendest. Dies zeigt deinem Gegenüber, dass du wirklich präsent bist und sie ernst nimmst. Durch das bewusste Praktizieren des Zuhörens und die kontinuierliche Verbesserung deiner Kommunikationsfähigkeiten, wirst du eine echte Superheldin der empathischen Kommunikation.

**Schritt 3: Der Umhang der Empathie**

Ziehe den Umhang der Empathie an und betrachte die Welt durch die Augen anderer. Versetze dich in ihre Lage und versuche zu erfassen, was sie fühlen. Erkenne ihre Herausforderungen, Freuden und Ängste. Die Superkraft der Empathie ermöglicht es dir, eine tiefere Verbindung zu anderen aufzubauen und sie besser zu unterstützen. Neben dem Verständnis für die Emotionen anderer Menschen ist es auch wichtig, Mitgefühl zu zeigen und einfühlsam zu reagieren. Wenn du die Gefühle und Herausforderungen anderer erkennst, sei bereit, Trost, Unterstützung und ermutigende Worte anzubieten. Zeige aufrichtiges Interesse an ihren Anliegen und biete deine Hilfe an, wenn sie benötigt wird.

Zudem ist es hilfreich, dir bewusst zu machen, dass Empathie auch Selbstreflexion erfordert. Frage dich, wie du selbst in ähnlichen Situationen reagieren würdest und welchen Einfluss deine Worte und Handlungen haben können. Indem du dich in die Lage anderer versetzt, kannst du sensibel und respektvoll kommunizieren und mögliche Missverständnisse vermeiden.

Mit dem Umhang der Empathie wirst du zur mächtigen Superheldin, die in der Lage ist, echte Verbindungen aufzubauen und Menschen in schwierigen Zeiten zu unterstützen. Durch deine einfühlsame Präsenz wirst du anderen helfen, sich gehört, verstanden und unterstützt zu fühlen.

**Schritt 4: Die Emotions-Liga**

Jede Superheldin braucht ein Team von Verbündeten. Bilde eine Emotions-Liga mit anderen Superheldinnen, die ebenfalls ihre empathischen Fähigkeiten stärken wollen. Trefft euch regelmäßig, um Erfahrungen auszutauschen, euch zu unterstützen und voneinander zu lernen. Gemeinsam könnt ihr die Welt der effektiven Kommunikation erobern.

In eurer Emotions-Liga könnt ihr nicht nur Erfahrungen austauschen, sondern auch verschiedene Übungen und Aktivitäten gemeinsam durchführen, um eure empathischen Fähigkeiten weiter zu stärken. Zum Beispiel könnt ihr Rollenspiele machen, in denen jede von euch in die Rolle einer bestimmten Person schlüpft, um verschiedene Perspektiven zu verstehen und empathisches Verständnis zu entwickeln.

Eine weitere Möglichkeit besteht darin, euch gegenseitig Feedback zu geben und euch zu ermutigen, auch in herausfordernden Situationen empathisch zu bleiben. Teilt eure Erfolge, lernt aus Fehlern und inspiriert euch gegenseitig, kontinuierlich an eurer empathischen Kommunikation zu arbeiten. Durch eure gegenseitige Unterstützung als Emotions-Liga werdet ihr zu einem unschlagbaren Team von empathischen Superheldinnen. Gemeinsam könnt ihr einen positiven Einfluss auf die Menschen um euch herum haben.

### Schritt 5: Der Kampf gegen den Kommunikations-Schurken

In jedem Superheldinnen-Leben gibt es einen Schurken zu besiegen. In diesem Fall ist es der Kommunikations-Schurke, der Missverständnisse, Konflikte und Barrieren schafft. Nutze deine empathischen Kräfte, um Missverständnisse zu klären, Konflikte zu lösen und eine offene und vertrauensvolle Kommunikation zu fördern. Der Kommunikations-Schurke kann manchmal sehr hartnäckig sein, aber du als empathische Superheldin hast die Kräfte, um ihn zu besiegen.

Eine wichtige Strategie, um Missverständnisse zu klären und Konflikte zu lösen, ist das aktive Zuhören und das Stellen von offenen Fragen. Durch das aktive Zuhören zeigst du den Gesprächspartnern, dass du ihre Perspektive verstehen möchtest und ihnen wirklich zuhörst. Offene Fragen ermöglichen es dir, weitere Informationen zu erhalten und Missverständnisse aufzudecken.

Weiter kannst du deine empathischen Kräfte nutzen, um nonverbale Signale und Körpersprache zu interpretieren. Oftmals werden Missverständnisse nicht nur durch Worte verursacht, sondern auch durch nonverbale Kommunikation. Wenn du sensibel auf nonverbale Signale achtest und sie ansprichst, kannst du Barrieren abbauen und eine offene und vertrauensvolle Kommunikation fördern.

Nimm dir Zeit, um dich mit dem Kommunikations-Schurken auseinanderzusetzen. Analysiere, welche Kommunikationsmuster und Gewohnheiten zu Missverständnissen und Konflikten führen. Sei bereit, neue Ansätze auszuprobieren und alte Muster zu durchbrechen, um eine effektivere Kommunikation zu ermöglichen. Also tritt mutig gegen den Kommunikations-Schurken an und zeige ihm, dass du die wahre Superheldin der empathischen Kommunikation bist.

**Schritt 6: Die emotionale Ausgewogenheit**

Als empathische Superheldin ist es wichtig, deine eigenen Emotionen zu erkennen und zu regulieren. Übe Selbstfürsorge, um deine emotionale Ausgewogenheit zu bewahren. Finde Wege, dich zu entspannen, Stress abzubauen und deine eigenen Bedürfnisse zu erfüllen. Jede Superheldin braucht Zeit zum Auftanken und Entspannen. Finde heraus, welche Aktivitäten dir Freude bereiten und dir helfen, Stress abzubauen. Das kann zum Beispiel Yoga, Meditation, ein Spaziergang in der Natur oder eine Massage sein. Schaffe dir bewusst Auszeiten, in denen du dich ganz auf dich selbst konzentrieren kannst. Als empathische Superheldin bist du oft für andere da und unterstützt sie. Vergiss dabei aber nicht, dass auch du selbst Unterstützung brauchst. Erlaube dir, um Hilfe zu bitten, wenn du sie benötigst und sei offen für Unterstützung von anderen.

Denke daran, dass deine empathischen Kräfte eine große Wirkung haben können, nicht nur in deinem eigenen Leben, sondern auch in der Arbeitswelt und darüber hinaus. Nutze deine emotionale Intelligenz, um ein unterstützendes und produktives Arbeitsumfeld zu schaffen, in dem sich alle Mitarbeiter und Mitarbeiterinnen entfalten können. Sei eine Inspirationsquelle für andere und ermutige sie, ebenfalls ihre empathischen Fähigkeiten zu stärken.

Es ist an der Zeit, deine empathischen Superkräfte zu präsentieren. Gehe hinaus und verbreite Mitgefühl, Verständnis und positive Kommunikation. Sei ein Vorbild für andere und zeige ihnen, wie eine außergewöhnliche weibliche Führungskraft agiert. Du hast alle Werkzeuge und Fähigkeiten, um eine positive Veränderung zu bewirken und die Welt um dich herum zu einem besseren Ort zu machen. Jetzt ist der Moment gekommen, liebe Superheldin. Gehe den nächsten Schritt auf deiner Reise und werde zu der außergewöhnlichen weiblichen Führungskraft, die du sein kannst.

### Übung 6: Der Konflikt-Ninja - Wie du Konflikte konstruktiv löst und harmonische Beziehungen aufbaust

Willkommen, liebe Konflikt-Ninja! Heute wirst du in die

geheimen Künste des Konfliktmanagements eingeweiht. Stell dir vor, du betrittst einen alten Dojo, in dem Führungskräfte wie du ihre Konfliktfähigkeiten auf das nächste Level bringen. Aber Vorsicht, die Luft ist elektrisch aufgeladen und die Spannung liegt in der Luft wie bei einem packenden Kung-Fu-Duell.

**Schritt 1: Atme tief durch und fokussiere dich**

Wie ein Ninja in der Nacht behältst du einen klaren Kopf und eine ruhige Haltung. Denke daran, dass Konflikte natürliche Begleiter des Lebens sind und nicht als Bedrohung, sondern als Chance zur persönlichen und zwischenmenschlichen Entwicklung betrachtet werden sollten. Um diesen Schritt erfolgreich zu meistern, ist es wichtig, bewusstes Atmen und Achtsamkeit zu praktizieren. Nimm dir regelmäßig Zeit, um tief durchzuatmen und dich auf den gegenwärtigen Moment zu konzentrieren. Richte deine Aufmerksamkeit auf deinen Atem und spüre, wie sich deine Lungen mit frischer Energie füllen. Dies hilft dir, deine Gedanken zu beruhigen und einen klaren Kopf zu bewahren.

Es kann auch hilfreich sein, Entspannungstechniken wie Meditation oder Yoga zu erlernen. Diese Techniken helfen dir, deine Aufmerksamkeit zu lenken und innere Ruhe zu finden, selbst inmitten herausfordernder Situationen. Sobald du dich regelmäßig auf diese Praktiken einlässt, wirst du lernen, dich besser zu fokussieren und deine Emotionen bewusst zu lenken.

Stelle dich Konflikten mit Offenheit und Neugier. Frage dich, welche Lektionen du aus ihnen ziehen kannst und wie du als Mensch daran wachsen kannst. Indem du den Konflikten mit dieser Einstellung begegnest, wirst du dich zunehmend selbstsicherer fühlen und neue Lösungswege entdecken.

Also, atme tief durch, fokussiere dich wie ein Ninja in der Nacht und sieh die Konflikte als Möglichkeit zur persönlichen Stärkung und Wachstum. Du hast die Fähigkeit, sie zu meistern und gestärkt daraus hervorzugehen.

**Schritt 2: Kenne deine Werkzeuge**

Ein wahrer Konflikt-Ninja verfügt über eine beeindruckende Auswahl an diplomatischen Werkzeugen. Von wertschätzender Kommunikation über aktives Zuhören bis hin zur Kunst des Kompromisses - wähle deine Ninja-Strategien mit Bedacht und passe sie jedem Konfliktfall an. Um diesen Schritt erfolgreich zu meistern, ist es wichtig, dir bewusst zu machen, welche kommunikativen Fähigkeiten und Strategien du bereits besitzt und welche du weiterentwickeln möchtest. Reflektiere über deine Stärken und Schwächen in der Kommunikation und identifiziere Bereiche, in denen du dich verbessern möchtest.

Wertschätzende Kommunikation ist ein wertvolles Werkzeug, das dir helfen kann, Konflikte auf konstruktive Weise anzugehen. Achte darauf, deine Worte mit Bedacht zu wählen und dem Gegenüber Respekt entgegenzubringen. Höre aktiv zu und versuche, die Perspektive des anderen zu verstehen. Zeige Empathie und versuche, gemeinsame Interessen zu identifizieren, um nachhaltige Lösungen zu finden.

Wie wir bereits aufgedeckt haben, ist aktives Zuhören ein weiteres wichtiges Werkzeug, das dir dabei hilft, Missverständnisse zu vermeiden und die Kommunikation zu verbessern. Nimm dir Zeit, um deinem Gegenüber aufmerksam zuzuhören, ohne vorschnelle Schlüsse zu ziehen oder zu unterbrechen. Stelle Fragen, um sicherzugehen, dass du die Botschaft richtig verstanden hast und drücke deine eigenen Gedanken und Gefühle klar und respektvoll aus.

Die Kunst des Kompromisses ermöglicht es dir, gemeinsame Lösungen zu finden, die den Bedürfnissen beider Seiten gerecht werden. Sei bereit, flexible Lösungswege zu finden und dich auf Kompromisse einzulassen. Suche nach Win-Win-Situationen, in denen beide Parteien etwas gewinnen und langfristige Harmonie geschaffen wird.

Mache dich vertraut mit diesen diplomatischen Werkzeugen und setze sie bewusst ein, um deine Fähigkeit zur Konfliktlösung zu stärken und positive Veränderungen in deinem Arbeits- und Privatleben zu bewirken.

### Schritt 3: Stelle dich dem Gegner

Ein Konflikt-Ninja scheut keinen Konflikt, sondern sucht ihn aktiv auf, um ihn zu meistern. Erinnere dich daran, dass es nicht darum geht, den Gegner zu besiegen, sondern gemeinsam nach Win-Win-Lösungen zu suchen. Schließlich sind wir alle Teil derselben Kampfgemeinschaft. Um diesen Schritt erfolgreich zu meistern, ist es wichtig, eine positive und konstruktive Einstellung zum Konflikt zu entwickeln. Betrachte Konflikte als Möglichkeiten für Wachstum und Veränderung, anstatt sie als Bedrohungen oder Hindernisse zu sehen. Akzeptiere, dass unterschiedliche Meinungen und Perspektiven natürliche Bestandteile des Zusammenlebens sind und dass Konflikte eine Chance bieten, gemeinsam bessere Lösungen zu finden.

Es ist wichtig, die Gefahr von Rechthaberei zu erkennen, die sowohl in aktiver als auch in passiver Form auftreten kann. Die aktive Rechthaberei umfasst beispielsweise das Bedürfnis, immer Recht zu haben, die eigene Meinung oder Sichtweise vehement zu verteidigen und immer das letzte Wort haben zu müssen. Sie zeigt sich auch in der Tendenz, sich ständig zu rechtfertigen, über die Richtigkeit einer Sache zu streiten oder andere Meinungen abzuwerten und nicht zu tolerieren. Weiterhin äußert sie sich durch das ständige Unterbrechen anderer oder das Verhindern, dass sie zu Wort kommen. Kontrollsucht und der Drang, alles kontrollieren oder besser wissen zu wollen, sind ebenfalls Anzeichen für aktive Rechthaberei.

Die passive Rechthaberei hingegen beinhaltet das Klammern an Gewohntem, selbst wenn es nicht gut, überholt oder schädlich ist. Sie zeigt sich in einem Widerstand gegen Veränderungen und der mangelnden Offenheit gegenüber anderen Meinungen, Vorschlägen oder Ideen. Statt Veränderungen zu wagen und umzusetzen, werden Ausreden gefunden, kritisiert oder beschuldigt. Es besteht die Tendenz, an negativen Gedanken, Gefühlen, Überzeugungen, Gewohnheiten und Handlungen festzuhalten. Zudem ist das beständige Identifizieren mit einem negativen Selbstbild, das den Fokus auf die eigenen Schwächen legt, Selbstkritik übt und sich selbst klein macht, ein Merkmal der passiven Rechthaberei. Schließlich spiegelt auch der innere Widerstand die passive Rechthaberei wider.

Rechthaberei ist ein ungesunder Versuch, ein Gefühl von Sicherheit, Stabilität und Signifikanz zu gewährleisten. Sie fungiert als unsichtbarer Deckel, der auf die eigene Komfortzone gelegt wird, in der Hoffnung, dass dadurch der Status Quo nicht gefährdet wird. Das Loslassen von Rechthaberei erfordert, dass du lernst, souveräner mit Veränderungen und Unsicherheit umzugehen, anstatt die Außenwelt kontrollieren zu wollen. Wenn du erkennst, dass du gut genug bist und dich von dem Bedürfnis nach ständiger Kontrolle befreist, öffnest du dich für Wachstum und neue Möglichkeiten.

Indem du dich dieser Gefahren bewusst wirst und aktiv dagegen angehst, kannst du eine offene und konstruktive Kommunikation fördern und zu besseren Lösungen gelangen. Vermeide es, in die Falle der Rechthaberei zu tappen und öffne dich für neue Perspektiven und Ideen. Sei bereit, aktiv zuzuhören und die Standpunkte des anderen zu verstehen, auch wenn du anderer Meinung bist. Vermeide es, in den Verteidigungsmodus zu gehen oder persönlich zu werden. Konzentriere dich auf die Sachargumente und suche nach gemeinsamen Interessen, die als Ausgangspunkt für die Lösungsfindung dienen können. Nutze deine diplomatischen Werkzeuge, um den Konflikt konstruktiv zu gestalten. Wertschätzende Kommunikation, aktives Zuhören und die Kunst des Kompromisses sind weiterhin wertvolle Instrumente, die dir helfen, den Konflikt auf eine produktive Art und Weise anzugehen. Sei geduldig und behalte das große Ganze im Blick, um langfristige Lösungen zu finden, von denen beide Parteien profitieren.

Sei ein Konflikt-Ninja und stelle dich dem „Gegner" mit Offenheit, Respekt und dem Ziel, gemeinsam nachhaltige Lösungen zu finden. Du wirst erstaunt sein, wie viel du erreichen kannst und wie du dich als inspirierende Führungskraft entwickelst, die Konflikte meistert und eine positive Veränderung in ihrer Umgebung bewirkt.

**Schritt 4: Lerne die Sprache der Emotionen**

Wie ein Meister des Kung Fu beherrscht der Konflikt-Ninja die Kunst, Emotionen zu erkennen und zu kanalisieren. Lass dich nicht von den wilden Gefühlen deines Gegenübers mitreißen, sondern erkenne sie als Ausdruck verborgener Bedürfnisse und Wünsche. Mit Einfühlungsvermögen und Mitgefühl findest du den Schlüssel zur Lösung. Um diesen Schritt erfolgreich zu meistern, ist es wichtig, die Sprache der Emotionen zu erlernen und zu verstehen.

Achte bewusst auf nonverbale Signale wie Körperhaltung, Gestik und Mimik deines Gegenübers, um

Hinweise auf seine emotionalen Zustände zu erkennen. Höre nicht nur auf das, was gesagt wird, sondern achte auch auf den emotionalen Unterton der Worte. Bleibe dabei selbst ruhig und gelassen, um nicht in den Strudel der Emotionen deines Gegenübers hineingezogen zu werden. Frage dich stattdessen, welche unausgesprochenen Bedürfnisse und Wünsche sich möglicherweise hinter diesen intensiven Gefühlen verbergen. Versetze dich bestmöglich in die Lage deines Gegenübers und nimm seine Perspektive ein. Zeige aufrichtiges Interesse und Mitgefühl für seine Situation.

Eine effektive Methode, um die Sprache der Emotionen zu erlernen, ist die aktive Nutzung von Fragen und aktives Zuhören. Frage dein Gegenüber nach seinen Gefühlen und Bedürfnissen und höre aufmerksam zu, um sie wirklich zu verstehen. Wiederhole seine Aussagen gelegentlich, um sicherzustellen, dass du richtig verstanden hast. Das zeigt nicht nur dein Interesse, sondern auch deine Bereitschaft, dich auf einer tieferen emotionalen Ebene zu verbinden.

Wenn dein Gegenüber sich jedoch nicht auf einen Dialog einlässt und stattdessen emotional ausrastet, Schuldzuweisungen verteilt und Rechthaberei praktiziert, kann es herausfordernd sein, einen konstruktiven Austausch zu führen. In solchen Momenten ist es wichtig, ruhig und besonnen zu bleiben. Vermeide es, dich auf Provokationen einzulassen oder in den Konfliktmodus zu verfallen. Stattdessen kannst du versuchen, das Gespräch zu lenken, indem du die Aufmerksamkeit auf die zugrunde liegenden Gefühle und Bedürfnisse lenkst. Du könntest beispielsweise sagen: „Ich merke, dass du gerade sehr wütend bist. Kannst du mir sagen, was genau dich verletzt hat? Ich möchte verstehen, was du fühlst und brauchst." Es ist wichtig, geduldig und einfühlsam zu sein, auch wenn es schwierig ist. Versuche, die Emotionen deines Gegenübers anzuerkennen, ohne ihre Gültigkeit in Frage zu stellen. Zeige Verständnis für seine Perspektive, auch wenn du anderer Meinung bist. Suche nach Gemeinsamkeiten und gemeinsamen Zielen, um eine Brücke zwischen euch zu bauen.

Es kann jedoch vorkommen, dass das Gegenüber nicht bereit ist, in einen konstruktiven Dialog einzutreten. In solchen Fällen ist es ratsam, die Situation vorerst zu verlassen und einen späteren Zeitpunkt für das Gespräch zu vereinbaren, wenn beide Seiten ruhiger und offener sind. Manchmal ist es auch hilfreich, einen neutralen Dritten hinzuzuziehen, der als Vermittler fungieren kann.

Denke daran, dass du für deine eigenen Grenzen und dein eigenes Wohlbefinden verantwortlich bist. Wenn die Situation zu eskalieren droht oder dich emotional überfordert, ist es in Ordnung, dich zurückzuziehen und später erneut anzusprechen. Gib nicht auf und bleibe beharrlich in deinem Bestreben, einen konstruktiven und empathischen Dialog zu führen. Rückzug oder Stillschweigen sind auf Dauer keine sinnvollen Lösungen. Denn es ist nicht ratsam, sich dauerhaft zurückzuziehen oder still zu sein, um Konflikten oder

Problemen aus dem Weg zu gehen. Oftmals erfordert es Mut und Offenheit, um Herausforderungen anzugehen und konstruktive Lösungen zu finden. Das aktive Einbringen von Gedanken, Meinungen und Lösungsvorschlägen kann zu einer besseren Verständigung und Zusammenarbeit führen.

Dadurch, dass du die Sprache der Emotionen lernst und einsetzt, wirst du in der Lage sein, eine tiefere Verbindung zu deinem Gegenüber herzustellen und eine Basis für eine konstruktive Konfliktlösung zu schaffen. Du wirst beginnen, verborgene Bedürfnisse und Wünsche aufzudecken und Lösungen zu finden, die für beide Seiten akzeptabel sind.

Sei eine Konflikt-Ninja und beherrsche die Kunst, die Sprache der Emotionen zu verstehen und zu nutzen. Du wirst feststellen, wie sich die Dynamik der Konflikte verändert und wie du als einfühlsame und inspirierende Führungskraft einen positiven Einfluss auf dein Team und deine Umgebung haben kannst.

**Schritt 5: Verändere deine Perspektive**

Wie ein Ninja, der seine Umgebung meisterhaft nutzt, erkennst du, dass es oft mehrere Seiten einer Medaille gibt. Nimm dir die Zeit, dich in die Lage der anderen Partei zu versetzen und versuche, ihre Perspektive zu verstehen. Vielleicht verbirgt sich hinter dem Konflikt ein tieferes Anliegen, das mit einfühlsamer Betrachtung gelöst werden kann.

Damit dir dieser Schritt gelingt, ist es wichtig, offen für

verschiedene Perspektiven zu sein und deine eigenen vorgefassten Meinungen und Überzeugungen zu hinterfragen. Dies erfordert eine gewisse Demut und die Bereitschaft, dich auf Neues einzulassen.

Stelle dir selbst Fragen wie: „Warum habe ich diese Meinung?“ oder „Könnte es andere gültige Standpunkte geben?“ Öffne dich für alternative Sichtweisen und versuche, die Motive und Erfahrungen anderer Menschen zu verstehen. Dies ermöglicht es dir, eine tiefere Verbindung herzustellen und gemeinsame Lösungen zu finden. Es ist auch wichtig, die eigenen Emotionen zu erkennen und zu reflektieren. Frage dich: „Welche Emotionen löst diese Situation in mir aus?“ und „Wie beeinflussen meine Emotionen meine Wahrnehmung?“ Indem du dich deiner eigenen Emotionen bewusst wirst, kannst du besser auf sie reagieren und sie in den Dialog einbringen, ohne dass sie dich überwältigen.

Sei bereit, Verantwortung für deine eigenen Handlungen und Reaktionen zu übernehmen. Frage dich: „Wie trage ich zur Situation bei?“ und „Was kann ich tun, um die Kommunikation zu verbessern?“ Wenn du selbst Verantwortung übernimmst, ermutigst du auch andere, Verantwortung für ihr Verhalten zu übernehmen. Dies ermöglicht es dir, als inspirierende Führungskraft zu agieren und einen nachhaltigen Einfluss auf dein Arbeits- und Privatleben zu haben.

Stelle dir auch die Frage: „Wie würde ich die Situation aus den Augen meines Gegenübers sehen?“ Versuche, die Motive und Beweggründe der anderen Partei zu verstehen, selbst wenn sie dir im ersten Moment unverständlich erscheinen. Es kann hilfreich sein, aktiv nach Informationen zu suchen und verschiedene Standpunkte zu recherchieren. Nimm dir Zeit für Gespräche und Diskussionen, in denen unterschiedliche Sichtweisen ausgetauscht werden können. Lasse Raum für den Dialog und sei bereit, deine Meinung zu überdenken und anzupassen, wenn du neue Erkenntnisse gewinnst. Dadurch baust du Brücken und schaffst eine positive und verbindende Gesprächsatmosphäre.

**Schritt 6: Sei die Friedensstifterin**

Ein wahrer Konflikt-Ninja strebt nicht nach Rache oder Dominanz, sondern nach Harmonie und Zusammenarbeit. Finde gemeinsame Ziele und lade andere ein, mit dir auf dem Weg des Konsenses zu gehen. Schaffe einen Raum, in dem Konflikte nicht als Bedrohung, sondern als Möglichkeit zur persönlichen und organisatorischen Entwicklung gesehen werden.

Um diesen Schritt erfolgreich zu meistern, ist es wichtig, einen Raum des Vertrauens und der Offenheit zu schaffen. Fördere eine Kultur, in der unterschiedliche Meinungen geschätzt werden und in der jeder seine Gedanken und Gefühle frei äußern kann. Sei ein Vorbild für respektvolle Kommunikation und konstruktiven Dialog. Finde Bereiche, in denen alle Beteiligten ihre Interessen miteinander verbinden können.

Ein weiterer wichtiger Aspekt ist es, dich selbst zu reflektieren und deine eigenen Handlungen zu überprüfen. Frage dich, ob du selbst in deinem Verhalten als Friedensstifterin agierst. Bist du bereit, Kompromisse einzugehen und dich auf andere einzulassen? Nimmst du aktiv an der Lösungsfindung teil und unterstützt du andere dabei, ihre Standpunkte zu vertreten? Sei selbst die Veränderung, die du in deinem Team oder deiner Organisation sehen möchtest.

Wenn du dich zur Friedensstifterin entwickelst, wirst du eine inspirierende und transformative Führungskraft sein. Du wirst in der Lage sein, Konflikte zu erkennen und konstruktiv damit umzugehen. Du wirst imstande sein, eine Atmosphäre des Verständnisses und der Zusammenarbeit zu schaffen, in der jeder sein volles Potenzial entfalten kann.

Sei wie eine wahre Konflikt-Ninja, die den Weg des Friedens und der Zusammenarbeit geht. Lade andere ein, mit dir auf diesem Weg zu gehen und sei eine Quelle der Inspiration und des Wandels. Gemeinsam werdet ihr eine Organisation schaffen, in der Konflikte als Chance zur Weiterentwicklung gesehen werden und in der Harmonie und Zusammenarbeit vorherrschen.

Du hast es geschafft, liebe Konflikt-Ninja! Du hast die geheimen Künste des Konfliktmanagements erlernt und bist nun bereit, harmonische Beziehungen aufzubauen und Konflikte mit Mut und Weisheit zu meistern. Vertraue auf deine Fähigkeiten, sei offen für Dialoge und gehe mit Zuversicht den nächsten Schritt auf deiner Reise als weibliche Führungskraft. Die Welt braucht mehr Konflikt-Ninjas wie dich! Möge dein Weg mit Erfolg, Frieden und einer Prise Humor gepflastert sein.

**Expertentipp: Führungskompetenz und Mitarbeitermotivation - Wie du mit Selbstregulation dein Team inspirierst**

Herzlichen Glückwunsch, liebe Emotionsmeisterin! Du hast bereits große Fortschritte in der Meisterung deiner Selbstregulation gemacht. Doch es gibt noch eine weitere Fähigkeit, die du als weibliche Führungskraft beherrschen musst, um dein Team zu inspirieren und zu motivieren: Führungskompetenz.

Stell dir vor, du betrittst den Konferenzraum mit dem Selbstbewusstsein einer Löwin, bereit, dein Team zu begeistern und zu Höchstleistungen anzuspornen. Du weißt, dass es nicht nur darum geht, Ziele zu setzen und Anweisungen zu geben, sondern darum, eine Verbindung zu deinen Mitarbeitern herzustellen und ihre individuellen Bedürfnisse zu verstehen.

Um deine Führungskompetenz weiter zu entwickeln und deine Mitarbeiter zu motivieren, habe ich eine Übung vorbereitet, die dir dabei helfen wird, dein Team zu inspirieren und gemeinsam große Erfolge zu feiern.

**Der emotionale Team-Building-Marathon**

Der emotionale Team-Building-Marathon ist eine Übung, die darauf abzielt, die emotionale Verbundenheit und Zusammenarbeit in einem Team zu stärken. Durch verschiedene Schritte und Aktivitäten werden die Teammitglieder dazu ermutigt, ihre Emotionen zu erkennen, auszudrücken und empathisch aufeinander einzugehen. Ziel ist es, eine positive und produktive Teamkultur zu schaffen, in der Vertrauen, Offenheit und Unterstützung gefördert werden.

**Schritt 1: Schaffe eine positive Atmosphäre**

In einer Welt, die oft die Trennung von Arbeit und Privatleben propagiert, wissen wir, dass wahre Führung mehr bedeutet als nur Aufgaben zu erledigen. Es geht darum, einander als Menschen zu verstehen, sich auf einer tieferen Ebene zu verbinden und gemeinsam zu wachsen. Deshalb lade ich dich ein, eine Reise des Verstehens anzutreten. Nimm dir Zeit, um deine Mitarbeiter persönlich kennenzulernen, ihre Träume, Leidenschaften und Ängste zu entdecken. Organisiere ein informelles Team-Meeting, in dem jede Stimme gehört wird und jeder Raum hat, um über seine Interessen außerhalb der Arbeit zu erzählen. Lausche aufmerksam, zeige echtes Interesse und schaffe eine Atmosphäre des Vertrauens und der Positivität. Denn wir wissen, dass es in der effektiven Führung nicht nur um Umsetzung und Leistungssteigerung geht, sondern um das Schaffen einer Gemeinschaft, in der sich jeder gesehen, gehört und wertgeschätzt fühlt.

Durch die Schaffung einer Kultur der Authentizität und Empathie entfesselst du die unaufhaltsame Kraft des Wandels und der Inspiration, wodurch Hindernisse innerhalb des Teams überwunden, Vorurteile abgebaut und eine bessere Zukunft gestaltet werden können.

### Schritt 2: Definiere eine inspirierende Vision

Führungskompetenz bedeutet, eine klare Vision zu haben und sie überzeugend zu vermitteln. Nimm dir einen Moment Zeit, um in die Zukunft zu blicken und eine Vision zu erschaffen, die das Herz deines Teams entfacht. Was möchtest du gemeinsam mit deinen Mitarbeitern erreichen? Welche Werte sind euch wichtig? Welche positive Veränderung wollt ihr in der Welt bewirken? Lass deine Träume fliegen und stelle dir vor, wie eure gemeinsame Vision Wirklichkeit wird. Eine Vision, die jedes Teammitglied in seiner Einzigartigkeit und Leidenschaft erkennt und inspiriert, sein Bestes zu geben. Eine Vision muss weder umfassend noch detailliert sein. Oftmals verlieren sich Teams in endlosen Visionssuchen, anstatt in die Umsetzung zu kommen. Die Devise „beginne klein“ kann hierbei äußerst hilfreich sein. Anstatt umfangreiche Leitfäden zu erstellen, kann eine Vision in Form eines kurzen Satzes zu mehr Klarheit führen und leichter verinnerlicht werden. Die wahre Kraft einer Vision entfaltet sich bekanntlich, wenn sie nicht nur ein bloßer Gedanke bleibt, sondern tatsächlich in die Tat umgesetzt wird. Sei die Führungskraft, die ihre Vision mit Überzeugung verkündet und ihre Mitarbeiter auf diesem inspirierenden Weg mitnimmt. Zusammen könnt ihr Großes erreichen.

### Schritt 3: Fördere offene Kommunikation

Schaffe einen Raum, in dem offene Kommunikation gefördert wird. Lade deine Mitarbeiter ein, ihre Ideen und Meinungen einzubringen. Höre aktiv zu und ermutige sie, sich gegenseitig zu unterstützen und voneinander zu lernen. Denn gemeinsam seid ihr ein unschlagbares Team!

Hier sind einige Fragen, die du verwenden kannst, um die Teilnahme aller Teammitglieder zu fördern und ihre Perspektiven einzubringen:

1. Was ist deine Meinung zu dieser Herausforderung/Situation?
2. Wie würdest du vorgehen, um diese Herausforderung zu bewältigen?
3. Welche Ideen oder Lösungsvorschläge hast du?
4. Gibt es alternative Ansätze oder Blickwinkel, die wir berücksichtigen sollten?
5. Welche Erfahrungen oder Kompetenzen bringst du ein, die für diese Aufgabe relevant sein könnten?
6. Was hältst du von den bisherigen Vorschlägen und wie könnten wir sie verbessern?
7. Gibt es Bedenken oder Hindernisse, die du siehst und wie könnten wir damit umgehen?
8. Wie könnten wir die Zusammenarbeit und Kommunikation im Team weiter verbessern?
9. Welche Ziele oder Meilensteine sollten wir setzen, um unsere Vision zu erreichen?
10. Wie können wir sicherstellen, dass jeder im Team gehört und respektiert wird?

Diese Fragen dienen als Leitfaden, um die offene Kommunikation im Team zu fördern und die Vielfalt der Perspektiven und Ideen der Teammitglieder einzubeziehen. Passe sie an die spezifischen Bedürfnisse und Ziele deines Teams an und ermutige alle, aktiv daran teilzunehmen. Auf der Bonus-Seite findest du eine Übersicht mit allen Fragen, die du herunterladen kannst. Besuche: https://lukastobler.com/bonus

**Schritt 4: Anerkenne und belohne Leistungen**

Mitarbeitermotivation wird oft durch Anerkennung und Belohnung gesteigert. Nimm dir regelmäßig Zeit, um die Leistungen deines Teams zu würdigen und individuelle Stärken hervorzuheben. Zeige deine Wertschätzung auf kreative und persönliche Weise, sei es durch kleine Geschenke, Lob oder öffentliche Anerkennung. Anerkennung und Belohnungen können wahre Motivations-Booster sein, aber wie bei allem im Leben gibt es auch hier Grenzen und Fallstricke, die du beachten solltest.

Erstens, wenn du dich auf externe Anreize konzentrierst, besteht die Gefahr, dass die intrinsische Motivation deiner Mitarbeiter auf der Strecke bleibt. Das heißt, wenn sie nur noch auf Belohnungen schielen, könnte die Freude an der Arbeit selbst schwinden. Du möchtest schließlich, dass sie nicht nur für die Prämie, sondern auch für das Erfüllen ihrer Aufgaben brennen.

Zweitens solltest du auf eine faire Verteilung achten. Ungleichheiten oder ungerechte Belohnungen können ein Team schnell in Unruhe versetzen. Niemand möchte das Gefühl haben, benachteiligt zu werden oder dass die Belohnungen nur an bestimmte Favoriten gehen.

Drittens solltest du den Blick auch auf langfristige Ziele richten. Belohnungen können dazu führen, dass deine Mitarbeiter den Fokus auf kurzfristige Gewinne legen und die Qualität der Arbeit vernachlässigen. Du möchtest jedoch langfristige Erfolge anstreben und sicherstellen, dass die Mitarbeiter ihr Bestes geben, unabhängig von materiellen Anreizen.

Viertens solltest du andere Motivationsfaktoren nicht außer Acht lassen. Sinnvolle Arbeit, Wertschätzung, Autonomie und persönliche Entwicklungsmöglichkeiten sind ebenfalls wichtige Treiber für die Motivation. Eine ausgewogene Mischung aus verschiedenen Anreizen schafft ein motivierendes Umfeld, in dem sich alle Mitarbeiter entfalten können.

Und schließlich, lass dich nicht von Gewöhnungseffekten überraschen. Wenn Belohnungen vorhersehbar oder selbstverständlich werden, verlieren sie ihren Reiz. Bleibe innovativ und begeistere deine Mitarbeiter mit überraschenden und abwechslungsreichen Belohnungen.

Kurz gesagt, Belohnungen sind wie Schokolade: ein köstlicher Genuss, aber zu viel davon kann uns langweilen oder uns sogar schlecht fühlen lassen. Indem du eine ausgewogene Motivationsstrategie verfolgst, die auch andere Aspekte der Motivation berücksichtigt, kannst du dein Team nachhaltig motivieren und ein harmonisches Teamklima schaffen.

**Schritt 5: Sei ein Role Model**

Als Führungskraft hast du eine Vorbildfunktion. Zeige durch dein eigenes Verhalten, wie Selbstregulation und Führungskompetenz in perfekter Harmonie zusammenwirken. Sei authentisch, fair und verantwortungsbewusst. Deine Teammitglieder werden dich nicht nur respektieren, sondern auch deine Energie und Begeisterung aufnehmen. Führe diesen emotionalen Team-Building-Marathon regelmäßig durch und beobachte, wie sich die Motivation und das Engagement deines Teams steigern. Sei geduldig, denn inspirierende Führung braucht Zeit und kontinuierliches Engagement.

Erinnere dich immer daran, dass du als weibliche Führungskraft eine einzigartige Chance hast, nicht nur deine eigene Karriere voranzutreiben, sondern auch andere Menschen zu ermutigen und zu inspirieren. Du stehst auf dem Gipfel des Erfolgs, aber der Weg nach oben wird noch aufregender, wenn du dein Team mitnimmst und ihr gemeinsam den Gipfel erklimmt.

Jetzt ist es an der Zeit, deine Führungskompetenz zu entfalten und dein Team zu neuen Höhenflügen zu motivieren. Sei die inspirierende Emotionsmeisterin, die du bist und lass dein Team im Erfolg erstrahlen!

Kapitel 16

# Erfolgreiches Denken und Handeln in der Arbeitswelt

### Übung 7: Die klare Visionärin - Wie du emotionale Klarheit und Objektivität in Entscheidungsprozessen erreichst

Herzlichen Glückwunsch, liebe Visionärin! Du stehst kurz davor, deine emotionale Klarheit und Objektivität auf ein ganz neues Level zu bringen. Mit dieser Übung wirst du lernen, in Entscheidungsprozessen deinen Fokus zu schärfen und eine klare Sicht auf das zu haben, was wirklich wichtig ist. Und ja, du wirst dabei auch eine Menge Spaß haben.

Schließe für einen Moment deine Augen und stell dir vor, du bist die Kapitänin eines Raumschiffs. Du schwebst hoch über den Wolken, mit einem atemberaubenden Blick auf die Weiten des Universums. Dein Schiff ist mit einer fortschrittlichen Technologie ausgestattet: dem „Klarheitskompass". Dieser Kompass ist dein treuer Begleiter und wird dir dabei helfen, deine Entscheidungen mit einer beeindruckenden Präzision zu treffen. Jetzt öffne deine Augen und lass uns damit beginnen, diesen Klarheitskompass zu aktivieren.

Als erste Aufgabe schreibe alle Faktoren auf, die in einer aktuellen Entscheidung eine Rolle spielen. Lass deiner Kreativität freien Lauf und sei so detailliert wie möglich. Stell dir vor, du bist eine Detektivin, die alle Hinweise sammelt, um den Fall zu lösen. Nun betrachte die Liste der Faktoren und spüre in dich hinein. Welche Faktoren sind wirklich wichtig und relevant für deine Entscheidung? Welche sind vielleicht nur Nebenschauplätze oder Ablenkungen? Schließe deine

Augen erneut und spüre die Energie jedes einzelnen Faktors. Wie fühlt es sich an, wenn du dich auf das Wesentliche konzentrierst?

Lass uns nun den Klarheitskompass nutzen, um deine Entscheidung zu navigieren. Stell dir vor, du hältst ihn in deinen Händen und spürst die Energie, die von ihm ausgeht. Drehe den Kompass langsam im Uhrzeigersinn und beobachte, wie er sich auf eine bestimmte Richtung einpendelt. Dies ist der Weg, den du gehen sollst.

Du bist jetzt bereit, deine Entscheidung mit Klarheit und Objektivität zu treffen. Vertraue auf deine innere Weisheit und die Signale des Klarheitskompasses. Du bist die Schöpferin deines eigenen Schicksals und kannst jede Herausforderung meistern, die dir begegnet. Selbst wenn du dir den Klarheitskompass nicht direkt vorstellen kannst, kannst du dennoch seine Energie und Symbolik nutzen, um Klarheit und Objektivität zu finden. Hier sind einige zusätzliche Fragen, die du dir stellen kannst, um die Übung kraftvoller zu machen:

- Was sind meine langfristigen Ziele und Werte? Welche Entscheidung würde am besten zu meiner langfristigen Vision passen?
- Welche Optionen stehen mir zur Verfügung? Welche Vor- und Nachteile haben sie?
- Wie beeinflussen meine persönlichen Interessen und Vorlieben meine Entscheidung? Bin ich in der Lage, meine persönlichen Präferenzen von den

objektiven Faktoren zu trennen?

- Welche Auswirkungen hat meine Entscheidung auf mein Team, mein Unternehmen und andere Stakeholder? Welche Werte und Bedürfnisse müssen berücksichtigt werden?
- Welche Informationen fehlen mir noch, um eine fundierte Entscheidung zu treffen? Wie kann ich diese Informationen erhalten?
- Habe ich alle möglichen Szenarien und Konsequenzen durchdacht? Wie würde ich mich in verschiedenen Situationen fühlen und handeln?
- Gibt es Mitmenschen, die ich um Rat fragen kann? Welche Perspektiven könnten sie einbringen, um meine Sichtweise zu erweitern?
- Wie wichtig ist es, jetzt eine Entscheidung zu treffen? Gibt es Raum, um Zeit zu nehmen und weitere Erkenntnisse zu sammeln?

Indem du diese Fragen beantwortest und dich bewusst mit der Entscheidung auseinandersetzt, kannst du trotz des fehlenden bildlichen Kompasses Klarheit und Objektivität gewinnen. Nutze die Symbolik des Klarheitskompasses als eine Metapher für den Prozess der Entscheidungsfindung und vertraue auf deine Intuition und rationale Analyse, um eine fundierte Wahl zu treffen. Denke daran, dass jede Entscheidung, die du triffst, den entscheidenden Unterschied in deinem Leben und deiner Karriere ausmachen kann. Ohne eine klare Entscheidung gibt es keine Bewegung, keine Veränderung und kein Wachstum. Eine tatsächliche Entscheidung ist *unwiderruflich* und setzt den Weg zum Ziel nicht voraus. Es geht nicht darum, den perfekten Plan zu haben oder alle Unsicherheiten auszuräumen, sondern darum, ob du es willst oder nicht willst, ob du bereit bist, den Mut aufzubringen und Verantwortung für dein Handeln zu übernehmen.

Vertraue auf deine Fähigkeiten und sei dir bewusst, dass du in der Lage bist, Hindernisse zu überwinden und deine Ziele zu erreichen. Du bist eine starke, visionäre Führungskraft, die bereit ist, neue Wege zu erkunden. Nimm die Herausforderungen an, treffe klare Entscheidungen und gehe mutig voran.

Also schnall dich an, liebe Visionärin, und lass uns gemeinsam auf eine aufregende Reise zu emotionaler Klarheit und Objektivität gehen. Der Himmel ist nicht mehr die Grenze - das Universum ist dein Spielplatz! Bereit, die Entscheidungs-Weltraummission zu starten? Dann leg los und werde zur klaren Visionärin, die du schon immer sein wolltest.

### Übung 8: Die Zeitmagierin - Wie du Prioritäten setzt und deine Zeitnutzung optimierst

Willkommen zur nächsten Übung, um Prioritäten effektiv zu setzen und deine Zeitnutzung zu optimieren. Stell dir vor, du bist eine furchtlose Kriegerin in der Welt der Zeiteffizienz. Mit deinem mächtigen Zauberstab der Prioritäten kannst du den Takt deines geschäftigen Alltags dirigieren und jede Minute zu deinem Vorteil nutzen. Bist du bereit, deine Zeit zu beherrschen und dich in eine wahre Zeitmagierin zu verwandeln?

**Schritt 1: Der Zauber der Prioritäten**

Wirf einen Blick auf deine Aufgabenliste und spüre den Rhythmus deiner Verpflichtungen. Welche Aufgaben sind wirklich wichtig und bringen dich deinen Zielen näher? Identifiziere sie als deine Hauptmissionen - die Zaubertränke, die du unbedingt brauchst, um deine Ziele zu erreichen. Prioritäten setzen bedeutet, dich auf das Wesentliche zu konzentrieren und die unwichtigen Nebensächlichkeiten in den Hintergrund zu verbannen.

**Schritt 2: Die Zeitakrobatik**

Als Zeitmagierin beherrschst du die Kunst der Akrobatik. Finde heraus, wie du deine Zeit jonglieren kannst, um die wichtigsten Aufgaben zu erledigen. Kannst du ähnliche Aufgaben bündeln und in einem Schwung erledigen? Schaffe dir Zeitfenster, in denen du ungestört und konzentriert arbeiten kannst. Und vergiss nicht, dir auch Pausen zu gönnen, um neue Energie zu tanken. Die Zeitakrobatik ist deine Geheimwaffe, um effizient und fokussiert zu bleiben.

**Schritt 3: Der Zauberstab der Delegation**

Als mächtige Führungskraft musst du nicht alles alleine erledigen. Nutze deinen Zauberstab der Delegation, um Aufgaben abzugeben und anderen die Möglichkeit zu geben, zu wachsen und sich zu entwickeln. Delegieren bedeutet nicht, Schwäche zu zeigen, sondern deine Kräfte strategisch einzusetzen. Du bist die

Meisterin des Teams, also lass sie ihre Talente entfalten und trage so zur Effizienz bei.

**Einwand:** „Ohne mich läuft nichts rund." Ohne dich läuft nichts rund? Oh, wie wunderbar! Dann hast du gerade das perfekte Argument für die Delegation entdeckt. Du bist so wichtig und unersetzlich, dass du die Chance hast, anderen die Möglichkeit zu geben, sich zu beweisen und ihre Fähigkeiten unter Beweis zu stellen. Lass mich dir etwas sagen: Du bist eine mächtige Führungskraft, keine Ein-Frau-Show!

Indem du Aufgaben delegierst, gibst du deinem Team die Möglichkeit, ihre Fähigkeiten unter Beweis zu stellen und sich weiterzuentwickeln. Denk darüber nach: Wenn du alles selbst erledigst, bremst du nicht nur dein eigenes Wachstum, sondern auch das Potenzial deines Teams. Stell dir vor, du wärst eine Magierin mit nur einem Zaubertrick – das wäre doch langweilig, oder? Lass stattdessen deinen Zauberstab der Delegation schwingen und das ganze Team zum Strahlen bringen. Denn wenn jeder seine Talente entfaltet, wird die Effizienz durch die Decke gehen und du wirst die wahre Kraft der Zusammenarbeit erleben. Also, hör auf, dich als unverzichtbar zu betrachten und lass deine Teammitglieder glänzen. Es wird dir magische Ergebnisse bescheren, versprochen.

### Schritt 4: Die Zeitreise der Selbstreflexion

Mache regelmäßige Zeitreisen, um zu überprüfen, ob deine Prioritäten noch stimmen. Manchmal ändern sich die Umstände und du musst deine Ziele neu ausrichten. Nimm dir Zeit für Selbstreflexion und frage dich: Welche Aufgaben bringen mir wirklich Freude und Erfüllung? Welche Aufgaben rauben mir nur Zeit und Energie? Passe deine Prioritäten an und richte dich nach deiner inneren Kompassnadel.

**Einwand:** „Ich habe keine Zeit für mich und schon gar nicht für Selbstreflexion." Du hast keine Zeit für dich und schon gar nicht für Selbstreflexion? Liebe Leserin, lass mich dir ein kleines Geheimnis verraten: Zeit für dich selbst zu nehmen und dich selbst zu reflektieren ist wie eine Zeitreise in eine bessere Zukunft! Du könntest stundenlang in Meetings sitzen und Aufgaben abarbeiten, aber wenn du nicht weißt, wohin du eigentlich willst, dann wirst du nur im Kreis laufen. Wenn du dir Zeit für Selbstreflexion nimmst, kannst du deine Prioritäten neu ausrichten und sicherstellen, dass du auf dem richtigen Weg bist.

Stell dir vor, du wärst eine Zeitreisende, die die Möglichkeit hat, ihre Zukunft zu gestalten. Warum würdest du diese Chance nicht nutzen? Und glaub mir, du wirst die Zeit, die du in Selbstreflexion investierst, tausendfach zurückerhalten. Du wirst effektiver, produktiver und glücklicher sein. Also, lass die Ausreden beiseite und mach dich auf die spannende Reise zu dir selbst. Du wirst erstaunt sein, wie viel Zeit du plötzlich hast, wenn du sie bewusst für dich nutzt. Und wer weiß, vielleicht begegnest du auf deiner Reise sogar deinem zukünftigen Erfolg.

**Schritt 5: Der magische Moment der Belohnung**

Feiere deine Erfolge! Du bist eine furchtlose Zeitmagierin und hast deine Zeit beherrscht. Belohne dich für deine Fortschritte und erreichten Ziele. Verwöhne dich mit einem Moment der Entspannung, einem köstlichen Leckerbissen oder einer kleinen Auszeit. Du hast es verdient!

Jetzt, wo du die Geheimnisse der Zeitmagie kennst, ist es an der Zeit, deine Zeitnutzung zu optimieren und die Kontrolle über deine kostbare Zeit zurückzugewinnen. Werde zur Zeitmagierin deines eigenen Erfolgs und gestalte deine Tage nach deinen Vorstellungen. Bereit, den Zauberstab der Prioritäten zu schwingen?

## Expertentipp: Enthülle die Magie der Illusion für langfristigen beruflichen Erfolg durch strategisches Denken

Herzlichen Glückwunsch, dass du es bis hierhin geschafft hast! Jetzt stehen wir vor einem entscheidenden Schritt, der deine berufliche Laufbahn nachhaltig prägen wird. Es geht um strategisches Denken – die Fähigkeit, über den Tellerrand hinauszuschauen, langfristige Ziele zu planen und Wege zu finden, um dorthin zu gelangen.

Stell dir vor, du sitzt in einem schicken Café und betrachtest das reichhaltige Menü vor dir. Es gibt so viele verlockende Optionen – von leckeren Vorspeisen bis hin zu köstlichen Desserts. Doch was wählst du aus? Wenn du einfach drauflos bestellst, ohne einen Plan zu haben, könntest du am Ende enttäuscht sein oder sogar etwas verpassen, das viel besser zu deinem Geschmack passt. Genauso ist es im Berufsleben. Spontanität ist wundervoll, doch ohne strategisches Denken bewegst du dich wie ein Schiff ohne Kompass. Du könntest von einer Aufgabe zur nächsten treiben, ohne einen klaren Kurs oder eine Vision für deine Zukunft zu haben. Das kann frustrierend sein und dich von deinen langfristigen Zielen abbringen.

Aber keine Sorge, du hast das Zeug dazu, eine großartige Strategin zu sein. Es geht darum, deine Ziele zu definieren und einen Plan zu entwickeln, wie du sie erreichen kannst. Überlege dir, wo du in fünf Jahren stehen möchtest. Welche Schritte musst du unternehmen, um dorthin zu gelangen? Welche Fähigkeiten musst du entwickeln? Welche Ressourcen kannst du nutzen? Wichtiger ist zu wissen, wo du landen möchtest, anstatt dir den Kopf über den Weg zum Ziel zu zerbrechen. Der Weg wird sich beim Gehen zeigen.

Strategisches Denken erfordert auch Flexibilität. Manchmal ändern sich die Umstände oder es ergeben sich unerwartete Chancen. Wie eine geschickte Schachspielerin musst du in der Lage sein, dich anzupassen und neue Züge zu planen, um deine Ziele zu erreichen. In ähnlicher Weise kannst du die Magie der Illusion nutzen, um dein strategisches Denken zu schärfen. Die folgenden optischen Täuschungen fordern deine Wahrnehmung heraus und regen dein Gehirn an, alternative Interpretationen und Lösungswege zu finden. Indem du dich mit optischen Täuschungen beschäftigst, trainierst du deine Fähigkeit, flexibel zu denken, verschiedene Perspektiven einzunehmen und kreative Lösungen zu entwickeln. Hier sind einige Beispiele:

**Der Rubin-Vase-Effekt:** Diese Täuschung zeigt entweder eine Vase oder zwei Gesichter, je nachdem, wie du sie betrachtest. Sie kann dir helfen, deine Wahrnehmung zu erweitern und zu erkennen, dass es oft verschiedene Perspektiven auf eine Situation gibt.

**Die Hering-Illusion:** Diese Täuschung zeigt horizontale Linien, die sich in unterschiedliche Richtungen zu krümmen scheinen. Sie kann dir verdeutlichen, dass unsere Wahrnehmung von unseren Erwartungen und Vorurteilen beeinflusst wird.

**Die Zöllner Täuschung:** Bei dieser Täuschung erscheinen parallele Linien gekrümmt oder gebogen, obwohl sie tatsächlich gerade sind. Sie kann dir helfen zu erkennen, dass unsere Wahrnehmung von äußeren Faktoren verzerrt werden kann.

**Die Müller-Lyer-Illusion:** Diese Täuschung zeigt zwei Linien, die von Pfeilspitzen umgeben sind. Eine der Linien erscheint länger als die andere, obwohl sie tatsächlich die gleiche Länge haben. Diese Täuschung verdeutlicht, wie unsere Wahrnehmung von visuellen Hinweisen und Kontext beeinflusst wird.

**Das Kanizsa-Dreieck:** Bei dieser Täuschung wird ein zweites Dreieck scheinbar erzeugt, obwohl es in Wirklichkeit nicht physisch vorhanden ist. Unsere Wahrnehmung fügt diese Form aufgrund geschickt platzierten Konturen und Helligkeitsunterschieden hinzu. Diese Täuschung zeigt deutlich, wie unsere Wahrnehmung ergänzende Informationen liefert, um Sinn und Zusammenhang zu erzeugen.

**Das Penrose-Dreieck:** Diese Täuschung zeigt ein unmögliches Dreieck, das aus einzelnen Elementen besteht, die an sich korrekt sind. Sie kann dir helfen zu erkennen, dass manchmal scheinbar logische oder reale Situationen tatsächlich widersprüchlich oder unmöglich sein können.

**Die Ponzo-Illusion:** Bei dieser Täuschung erscheinen parallele Linien aufgrund eines perspektivischen Effekts unterschiedlich lang. Sie kann dir verdeutlichen, dass unsere Wahrnehmung von räumlichen Hinweisen und Kontext beeinflusst wird und nicht immer objektiv ist.

**Penrose-Treppe:** Eine optische Täuschung, bei der eine Treppe scheinbar endlos auf- und absteigt, obwohl sie in Wirklichkeit eine unmögliche geometrische Konstruktion ist. Ein visuelles Phänomen, das unser Gehirn vor eine Herausforderung stellt.

**Hermann-Gitter:** Ein Gittermuster, bei dem graue Punkte an den Kreuzungspunkten erscheinen, obwohl sie nicht tatsächlich vorhanden sind. Diese optische Täuschung verdeutlicht, wie unsere Wahrnehmung dazu neigt, fehlende Informationen zu ergänzen, um ein vollständiges Bild zu formen.

**Szintillierende Gitter:** Ein Muster aus schwarzen Gitterlinien und weißen Punkten, bei dem es scheint, als ob die Punkte zu flimmern beginnen, sobald du den Blick darauf fixiert. Eine faszinierende Täuschung, die zeigt, wie unsere Wahrnehmung von kleinen Bewegungen und Kontrasten beeinflusst werden kann.

**Rotating Snakes:** Eine Täuschung, bei der scheinbar rotierende Schlangenmuster entstehen, obwohl die einzelnen Teile des Musters statisch sind. Diese Täuschung zeigt, wie unser Gehirn Bewegung wahrnehmen kann, selbst wenn sie in der Realität nicht vorhanden ist.

Diese optischen Täuschungen sind faszinierend und können dir helfen, deine Wahrnehmung zu hinterfragen und alternative Perspektiven einzunehmen. Indem du dich mit ihnen beschäftigst, kannst du deine Denkmuster erweitern und deine Fähigkeit zur Emotionsregulation und strategischen Entscheidungsfindung verbessern. Auf der Bonus-Seite findest du eine Übersicht mit allen 11 Illusionen. Besuche den folgenden Link: https://lukastobler.com/bonus

Nun ist es an der Zeit, deine strategische Denkfähigkeit auf ein neues Level zu bringen. Sei bereit, neue Perspektiven einzunehmen, Risiken einzugehen und kreative Lösungen zu finden. Denke wie eine erfolgreiche Schachspielerin, die jeden Zug mit Bedacht plant und dabei das große Ganze im Blick behält. Mit strategischem Denken kannst du dich von der Konkurrenz abheben, Hindernisse überwinden und die Karriereleiter hinaufklettern. Du wirst die Weichen für deinen langfristigen beruflichen Erfolg stellen und deine Träume verwirklichen. Hier sind einige Expertentipps, die dir helfen werden:

**Denke holistisch:** Stell dir vor, du bist eine Architektin und planst ein beeindruckendes Hochhaus. Du würdest nicht nur die äußere Fassade gestalten, sondern auch die Grundlagen der Statik, die Energieeffizienz, die Nutzungsmöglichkeiten und vieles mehr berücksichtigen. Genau so solltest du auch in deinem beruflichen Leben vorgehen. Betrachte das große Ganze, analysiere alle relevanten Faktoren und berücksichtige sie in deinen Entscheidungen. Nur so kannst du fundierte und nachhaltige Strategien entwickeln, die langfristigen Erfolg ermöglichen.

**Schau nach vorn:** Stell dir vor, du bist eine Kapitänin auf einem Schiff und navigierst durch unbekannte Gewässer. Du würdest dich nicht nur auf die aktuellen Bedingungen verlassen, sondern auch die Wettervorhersage, die Gezeiten und mögliche Hindernisse im Blick behalten. Genau so solltest du auch in deinem beruflichen Leben denken. Denke langfristig, erkenne Trends und Entwicklungen in deinem Bereich und plane strategische Maßnahmen, um den richtigen Kurs zu halten und dich auf kommende Veränderungen vorzubereiten.

**Sei flexibel:** Stell dir vor, du bist eine Tänzerin auf der

Bühne. Während der Aufführung merkst du plötzlich, dass sich die Musik etwas verändert und die Choreografie nicht mehr genau passt. Anstatt in Panik zu geraten, passt du dich geschickt an und fügst improvisierte Schritte ein. Genau so solltest du auch in deinem beruflichen Leben agieren. Sei offen für neue Ideen und Lösungen, passe deine Strategien an, wenn sich die Umstände ändern und sei flexibel in deinem Denken und Handeln.

**Nutze Daten:** Stell dir vor, du bist eine Detektivin, die einen kniffligen Fall lösen muss. Anstatt auf Vermutungen oder Bauchgefühle zu vertrauen, analysierst du akribisch die vorhandenen Beweise, sammelst Fakten und erstellst Verbindungslinien. Genau so solltest du auch in deinem beruflichen Leben vorgehen. Entscheide auf Basis von Daten und Analysen, nicht von reinen Emotionen. Nutze Informationen, um fundierte Entscheidungen zu treffen und bessere Ergebnisse zu erzielen.

**Bewerte Risiken:** Stell dir vor, du bist eine Bergsteigerin, die einen hohen Gipfel erklimmen möchte. Bevor du dich auf den Aufstieg begibst, bewertest du sorgfältig die Risiken und Chancen. Du planst deine Route, prüfst die Wetterbedingungen und entscheidest, welche Ausrüstung du mitnimmst. Genau so solltest du dich auch in deinem beruflichen Leben verhalten. Erkenne und bewerte Risiken, um sie zu minimieren, aber sei auch bereit, Chancen zu ergreifen, um deinen Erfolg zu maximieren.

**Arbeite zusammen:** Stell dir vor, du bist die Dirigentin eines Orchesters und möchtest ein Meisterwerk aufführen. Du würdest nicht alleine spielen, sondern dir die Unterstützung talentierter Musiker und Musikerinnen holen, die ihr Instrument beherrschen. Genau so solltest du auch in deinem beruflichen Leben handeln. Hol dir Input von anderen Experten und Teammitgliedern, um verschiedene Perspektiven und innovative Ideen zu erhalten. Zusammen könnt ihr kraftvolle Strategien entwickeln und eure Ziele erreichen.

**Lerne kontinuierlich:** Stell dir vor, du bist eine Sportlerin, die sich auf einen Wettkampf vorbereitet. Du würdest nicht nur hart trainieren, sondern regelmäßig deine Technik überprüfen, Schwachstellen identifizieren und Verbesserungen vornehmen. Dasselbe solltest du auch in deinem beruflichen Leben tun. Überprüfe regelmäßig deine Strategien, analysiere die Ergebnisse und suche nach Möglichkeiten zur Optimierung. Nur durch kontinuierliches Lernen und Anpassen kannst du optimale Ergebnisse erzielen und dich weiterentwickeln.

Durch die Umsetzung dieser Geheimnisse wirst du in der Lage sein, klare Ziele zu setzen, Chancen zu erkennen und bessere Entscheidungen zu treffen. Sie werden dir helfen, langfristig erfolgreich zu sein und dich und dein Unternehmen voranzubringen. Auf geht‘s zum strategischen Denken für langfristigen beruflichen Erfolg!

Kapitel 17

# Unerschütterliches Selbstvertrauen: Aufbau und Festigung für wahre Stärke

### Übung 9: Der Spiegel der Stärken

Liebe Leserin, nimm dir einen Moment Zeit, um in den metaphorischen Spiegel der Stärken zu schauen. Dieser Spiegel wird dir helfen, deine einzigartigen Fähigkeiten und Talente zu erkennen und dein Selbstvertrauen zu stärken.

**Schritt 1: Mache eine Liste deiner bisherigen Erfolge und Errungenschaften**

Schreibe alles auf, wofür du stolz auf dich sein kannst, sei es beruflich oder persönlich. Denke an Momente, in denen du Hindernisse überwunden hast, Ziele erreicht hast oder dich in besonderer Weise ausgezeichnet hast. Sei nicht bescheiden, egal wie groß oder klein deine Erfolge sein mögen. Lass diese Liste zu einer Quelle der Inspiration werden, die dich daran erinnert, dass du bereits viele großartige Dinge erreicht hast. Du bist eine Superheldin mit einer beeindruckenden Liste von Erfolgen!

**Einwand:** „Ist es nicht schädlich, stolz auf seine Leistungen zu sein und sich dadurch egoistisch oder überheblich zu fühlen? Sollten wir nicht bescheiden bleiben und unsere Erfolge eher im Hintergrund halten?" Stolz kann in verschiedenen Ausprägungen betrachtet werden. Es gibt einen gesunden Stolz, der auf persönlichen Erfolgen und Errungenschaften basiert und dazu beiträgt, das Selbstwertgefühl und das Selbstvertrauen zu stärken. Es ist wichtig, die eigenen Leistungen anzuerkennen und sich darüber zu freuen. Allerdings ist es auch wichtig, den Stolz in einem ausgewogenen

Rahmen zu halten und nicht in übermäßigen Egoismus oder Arroganz abzudriften. Ein gesunder Stolz sollte nicht dazu führen, andere herabzusetzen oder sich selbst als überlegen zu betrachten. Es geht vielmehr darum, die eigenen Stärken und Fähigkeiten anzuerkennen und daraus positive Energie zu schöpfen.

Bei der Übung, eine Liste der eigenen Erfolge und Errungenschaften zu erstellen, geht es nicht darum, dich über andere zu erheben, sondern vielmehr darum, das Selbstvertrauen zu stärken und dir bewusst zu machen, was du bereits erreicht hast. Es ist eine Möglichkeit, deine eigene Entwicklung zu würdigen und dich selbst zu motivieren, weiterhin nach Erfolg und Wachstum zu streben.

Denke daran, dass Selbstvertrauen und ein gesunder Stolz auf die eigenen Leistungen wichtige Eigenschaften sind, die dir helfen können, Herausforderungen zu meistern und deine Ziele zu erreichen. Es geht darum, eine positive Einstellung zu dir selbst und deinen Fähigkeiten zu entwickeln, ohne andere dabei herabzusetzen.

### Schritt 2: Reflektiere über die Fähigkeiten und Eigenschaften, die dir dabei geholfen haben

Betrachte nicht nur die äußeren Erfolgsfaktoren, sondern auch die inneren Qualitäten, die dich unterstützt haben. Denke darüber nach, welche Stärken, wie Durchhaltevermögen, Kreativität oder Teamfähigkeit, zu deinen Erfolgen beigetragen haben. Erkenne, dass diese Fähigkeiten ein wertvoller Teil von dir sind und dir helfen können, auch zukünftige Herausforderungen erfolgreich zu meistern. Lass dich von deinen eigenen Talenten inspirieren und erweitere so dein Selbstvertrauen noch mehr.

**Schritt 3: Überlege, wie du diese Stärken in Zukunft gezielt einsetzen kannst**

Denke darüber nach, in welchen Bereichen oder Situationen du deine Fähigkeiten und Eigenschaften besonders gut nutzen kannst. Erkenne, wie du deine Kreativität, dein Durchhaltevermögen oder deine Teamfähigkeit bewusst einsetzen kannst, um neue Ziele zu erreichen und Herausforderungen zu meistern. Sei offen für neue Möglichkeiten und nutze deine Stärken als Kompass, um Entscheidungen zu treffen und deine Handlungen zu lenken. Indem du deine Stärken gezielt einsetzt, wirst du dein Selbstvertrauen stärken und deine Erfolge weiter ausbauen. Zeige der Welt, was du zu bieten hast und lass deine einzigartigen Talente erstrahlen.

**Schritt 4: Verwende den Spiegel der Stärken regelmäßig, um dich an deine Stärken zu erinnern und dein Selbstvertrauen zu festigen**

Betrachte deine Fähigkeiten und Eigenschaften als leuchtende Sterne, die dir den Weg erhellen und dein Leben bereichern. Überlege, wie du diese Sterne gezielt zum Leuchten bringen kannst, um deine Ziele zu erreichen und Erfüllung in verschiedenen Lebensbereichen zu finden. Wie können sie deine beruflichen Träume unterstützen? Wie können sie deine Beziehungen stärken und dir ein erfülltes persönliches Wachstum ermöglichen? Lass deine Sterne ihre Strahlkraft entfalten und lass dich von ihrem Glanz inspirieren, während du selbstbewusst und kraftvoll deinen eigenen Weg gehst und dein Leben mit neuem Selbstvertrauen erfüllst.

### Übung 10: Das „Selfie des Selbstvertrauens“

Während die letzte Übung darauf abzielte, durch eine reflektive Liste von Erfolgen und Errungenschaften das Bewusstsein für deine eigenen Stärken zu schärfen, konzentriert sich die folgende Übung darauf, diese Stärken kreativ zu verkörpern und auszudrücken.

#### Schritt 1: Bereite dich vor

Nimm dir einen Moment, liebe Leserin, um über deine positiven Eigenschaften, Fähigkeiten und Erfolge nachzudenken. Nimm ein Blatt Papier und einen Stift zur Hand und mache eine Liste von allem, was dir in den Sinn kommt oder benutze die Liste, die du bei der vorherigen Übung erstellt hast. Lass dich von den folgenden Fragen inspirieren:

- Welche Fähigkeiten und Talente besitze ich, die mir in meinem beruflichen und persönlichen Leben geholfen haben?
- Welche Erfolge habe ich bisher erreicht, sei es große Meilensteine oder kleinere Erfolge, auf die ich stolz sein kann?
- Welche positiven Eigenschaften zeichnen mich aus, wie zum Beispiel Fokus, Gelassenheit oder

Empathie?

- Welche Herausforderungen habe ich erfolgreich gemeistert und welche Fähigkeiten habe ich dabei eingesetzt?
- Welche Komplimente oder Anerkennung habe ich von anderen erhalten, die meine Stärken widerspiegeln?
- Aus welchen Rückschlägen bin ich stärker hervorgegangen? Aus welchen Fehlern habe ich maßgeblich gelernt und mich dadurch als Führungskraft und Mensch weiterentwickelt?

Lass deine Gedanken frei fließen und sei großzügig mit dir selbst. Es ist Zeit, deine eigenen Erfolge und Qualitäten anzuerkennen und zu feiern. Du bist eine außergewöhnliche Frau mit einzigartigen Stärken, die es verdient hat, gewürdigt zu werden. Schreibe alles auf und erinnere dich immer daran, wie wunderbar du bist.

**Schritt 2 : Wähle ein Symbol oder ein Motiv**

Denke über ein Symbol oder ein Motiv nach, das dein Selbstvertrauen verkörpert. Es kann alles sein, von einem Krafttier bis zu einem persönlichen Gegenstand, der dich inspiriert. Hier sind einige konkrete Beispiele, die dir helfen können:

**Ein Krafttier:** Wähle ein Tier, das für Stärke, Mut oder Selbstvertrauen steht, wie zum Beispiel ein Löwe, ein Adler oder ein Elefant. Stelle dir vor, wie du die Eigenschaften dieses Tieres in dir vereinst und dich von seiner Energie und Präsenz inspirieren lässt.

**Ein persönlicher Gegenstand:** Finde einen Gegenstand, der eine besondere Bedeutung für dich hat und der dich an deine Stärken erinnert. Es könnte ein Schmuckstück sein, ein Glücksbringer oder ein Erinnerungsstück an einen Erfolg. Trage diesen Gegenstand bei dir oder platziere ihn an einem Ort, an dem du ihn täglich sehen kannst.

**Ein kraftvolles Zitat:** Suche nach einem Zitat oder einer affirmativen Aussage, die dein Selbstvertrauen stärkt und dich motiviert. Schreibe es auf einen Zettel und bewahre ihn an einem Ort auf, an dem du ihn regelmäßig lesen kannst, wie zum Beispiel auf deinem Schreibtisch oder am Spiegel.

**Ein Bild:** Stelle dir bildlich vor, wie du voller Selbstvertrauen und Stärke bist. Male oder zeichne ein Bild, das diese Vorstellung darstellt, oder erstelle eine Collage aus Bildern, die dich inspirieren.

**Ein Wort:** Du kannst ein Wort oder bis zu drei Wörter wählen, die entweder deine bereits vorhandenen Stärken und Erfolge repräsentieren oder positive Qualitäten, die du in deinem Leben verkörpern möchtest. Diese Wörter können deine Persönlichkeit, Fähigkeiten, Werte oder Eigenschaften widerspiegeln, die dir wichtig sind.

### Schritt 3: Gestalte dein Selfie des Selbstvertrauens

Nimm dein Handy oder eine Kamera und bereite dich

darauf vor, ein Selfie zu machen. Stelle sicher, dass du dich in einer Umgebung befindest, in der du dich wohlfühlst und die deine Persönlichkeit widerspiegelt.

**Schritt 4: Zeige deine Stärken**

Halte das Symbol, Motiv, Wort oder Bild, das du ausgewählt hast, in die Kamera. Betrachte dich im Bildschirm und denke an deine Liste mit positiven Eigenschaften und Erfolgen. Lächle und zeige Selbstvertrauen.

**Schritt 5: Schreibe eine inspirierende Bildunterschrift**

Schreibe eine kurze, aber kraftvolle Bildunterschrift, die deine Stärken und dein Selbstvertrauen zum Ausdruck bringt. Verwende positive Worte und ermutigende Botschaften.

**Schritt 6: Teile dein Selfie des Selbstvertrauens**

Lade dein Selfie auf deinen Social-Media-Kanälen hoch oder teile es mit vertrauten Freunden und Familienmitgliedern. Nutze diese Gelegenheit, um andere zu inspirieren und sie dazu zu ermutigen, ihr eigenes Selbstvertrauen zu stärken.

Diese Übung wird nicht nur dein Selbstvertrauen stärken, sondern auch eine positive Einstellung zu deinen Stärken fördern und andere darin inspirieren, dasselbe zu tun. Also schnapp dir dein Handy, mach ein Selfie des Selbstvertrauens und zeige der Welt, wie stark und selbstbewusst du bist!

Liebe Leserin, ich verstehe, dass es manchmal Einwände geben kann, wenn es darum geht, das Selbstvertrauen zu stärken. Aber lass uns gemeinsam diese Bedenken angehen und sie überwinden:

**Bedenken:** „Ich fühle mich unwohl dabei, mich selbst zu feiern." Denke daran, dass das Stärken deines Selbstvertrauens keine egoistische Handlung ist. Es geht darum, dich selbst anzuerkennen und zu schätzen. Indem du dein Selbstvertrauen stärkst, kannst du auch anderen Menschen ein Vorbild sein und sie ermutigen, das Gleiche zu tun. Du verdienst es, dich selbst zu feiern!

**Bedenken:** „Ich habe Angst vor der Bewertung und Kritik anderer." Erinnere dich daran, dass die Meinungen anderer Menschen nicht deine Realität bestimmen. Konzentriere dich auf deine eigenen Stärken und lass dich nicht von negativen Stimmen beeinflussen. Vertraue auf dich selbst und auf deine Fähigkeiten. Du bist einzigartig und wertvoll und das sollte dich stärken.

**Bedenken:** „Ich weiß nicht, wie ich mein Selbstvertrauen steigern kann." Die Übung des „Selfie des Selbstvertrauens" ist ein erster Schritt, um dich bewusst mit deinen Stärken und deinem Selbstvertrauen auseinanderzusetzen. Du kannst auch andere Techniken wie positive Selbstgespräche, Visualisierungen oder das Feiern kleiner Erfolge ausprobieren. Wichtig ist, dass du dir Zeit für dich nimmst und aktiv an deinem Selbstvertrauen arbeitest.

Lass dich nicht von Bedenken aufhalten. Du hast das Potenzial, ein starkes Selbstvertrauen aufzubauen und an dich selbst zu glauben. Wage es, deine Großartigkeit zum Ausdruck zu bringen. Du wirst sehen, wie kraftvoll und ermutigend es sich anfühlt. Vertraue dir selbst und gehe mutig voran - du bist bereit, dein volles Potenzial zu entfalten!

## Übung 11: „Der Gefühls-Surfing-Parcours"

Bist du bereit für eine aufregende Übung, um deine Scham- und Schuldgefühle zu überwinden und die Kraft der Verletzlichkeit zu entfesseln? Dann schnall dich an, denn du wirst einen befreienden Parcours durchlaufen.

Stell dir vor, du bist auf einem Surfboard und machst dich auf den Weg zu einer emotionalen Reise. Auf diesem Parcours wirst du verschiedene Wellen von Gefühlen erleben, darunter Scham, Schuld, Angst und Unsicherheit. Dein Ziel ist es, dich ihnen zu stellen und mit ihnen zu „surfen", anstatt vor ihnen davonzulaufen.

Als erstes tauchst du in die Welle der Scham ein. Spüre, wie sie dich umhüllt, aber erinnere dich daran: Du bist nicht die Scham, du bist eine starke und liebenswerte Frau. Lass diese Überzeugung deine Surfbewegungen leiten und lass die Schamwelle unter dir brechen.

Als nächstes kommst du zur Welle der Schuld. Spüre, wie sie versucht, dich nach unten zu ziehen, aber erinnere dich daran: Fehler zu machen ist menschlich und du hast aus ihnen gelernt. Nutze deine Selbstvergebung als deinen Surfbrett-Stabilisator und lass die Schuldwellen an dir vorbeiziehen.

Dann erscheint die Welle der Angst. Sie mag bedrohlich aussehen, aber du weißt, dass Mut deine stärkste Waffe ist. Spring auf dein Surfbrett des Vertrauens und reite mit der Angstwelle mit. Zeige der Angst, dass du keine Grenzen hast und dass du bereit bist, deine Komfortzone zu verlassen.

Zu guter Letzt nimmst du die Welle der Unsicherheit. Sie mag unberechenbar sein, aber du bist bereit, dich ihr zu stellen. Nutze deine innere Stärke und dein Selbstvertrauen als deine Surfbrett-Finnen und lass dich von der Unsicherheitswelle in neue Gewässer tragen.

Während du den Parcours durchquerst, nimm bewusst wahr, wie sich jede Welle anfühlt und wie du darauf reagierst. Erlaube dir, in deine Emotionen einzutauchen, aber vergiss nicht, dass du die Surferin bist, die diese Wellen beherrscht. Hier sind einige Fragen, die du dir während des „Gefühls-Surfing-Parcours" stellen kannst, um deine praktische Umsetzung zu unterstützen:

**Scham-Welle:**

- Was löst dieses Schamgefühl bei mir aus?
- Welche Überzeugungen oder Gedanken verstärken meine Scham?

- Wie kann ich mich selbst mit mehr Mitgefühl betrachten und meine Liebenswertigkeit erkennen?

**Schuld-Welle:**

- Wofür fühle ich mich schuldig und warum?
- Welche Lektionen habe ich aus meinen Fehlern gelernt?
- Wie kann ich mir selbst vergeben und mich darauf konzentrieren, aus der Schuld zu lernen?

**Angst-Welle:**

- Wovor habe ich Angst und warum?
- Welche Schritte kann ich unternehmen, um meiner Angst mutig zu begegnen?
- Wie kann ich meine innere Stärke und meinen Mut nutzen, um die Angst zu überwinden?

**Unsicherheits-Welle:**

- In welchen Situationen fühle ich mich unsicher und warum?
- Welche Ressourcen und Fähigkeiten habe ich, um mit Unsicherheit umzugehen?
- Wie kann ich mein Selbstvertrauen stärken und Veränderungen mit Zuversicht begegnen?

Diese Fragen dienen als Leitfaden, um deine Gedanken und Emotionen während des Parcours zu reflektieren. Nutze sie, um tiefer in deine Gefühle einzutauchen und neue Erkenntnisse über dich selbst zu gewinnen. Erinnere dich immer daran, dass du die Kontrolle über deine Gefühle hast und dass du sie als Werkzeug für persönliches Wachstum und Selbstregulation nutzen kannst. Diese Übung hilft dir, Scham- und Schuldgefühle zu überwinden, indem du lernst, dich ihnen zu stellen und mit ihnen zu arbeiten, anstatt vor ihnen wegzulaufen. Wenn du auf dem Surfboard deiner Stärke stehst, wirst du erkennen, dass du nicht von diesen Gefühlen definiert wirst, sondern dass du die Kontrolle über sie hast.

Also, liebe Surferin der Emotionen, schnapp dir dein Surfbrett und stürze dich in den Gefühls-Surfing-Parcours! Entdecke die Freiheit, die kommt, wenn du dich deinen Gefühlen stellst und deine Verletzlichkeit als deine größte Stärke als weibliche Führungskraft umarmst.

**Expertentipp: Das ultimative Geheimnis von Menschen mit großem Selbstvertrauen**

Was ist das ultimative Geheimnis von Menschen mit großem Selbstvertrauen? Nun, es liegt nicht in einer angeborenen Gabe, sondern in der kontinuierlichen und unermüdlichen Verinnerlichung bestimmter Prinzipien und Gewohnheiten. Selbstvertrauen ist eine Fähigkeit, die entwickelt werden kann, unabhängig von deinen anfänglichen Voraussetzungen. Das Geheimnis liegt in der bewussten Entscheidung, dein Selbstvertrauen zu stärken und an dich selbst zu glauben. Es erfordert die Anerkennung deiner Stärken, die Akzeptanz deiner Schwächen und die Bereitschaft, an ihnen zu arbeiten. Menschen mit großem Selbstvertrauen konzentrieren sich auf ihre Erfolge und nutzen Misserfolge als Lernchancen, anstatt sich von ihnen entmutigen zu lassen.

Ein weiterer Aspekt ist die Selbstakzeptanz, also die liebevolle Annahme deiner selbst. Niemand ist perfekt, und Fehler gehören zum Leben dazu. Menschen mit starkem Selbstvertrauen nehmen ihre Schwächen auf die leichte Schulter, anstatt sich von ihnen entmutigen zu lassen. Sie sehen Fehler als Lernmöglichkeiten und nutzen sie, um zu wachsen und sich weiterzuentwickeln.

Die Verinnerlichung des Selbstvertrauens geschieht durch kontinuierliche Selbstreflexion und die bewusste Entscheidung, positive Überzeugungen über dich selbst zu kultivieren. Es bedeutet, die innere Stimme der Selbstkritik in eine Stimme des Selbstmitgefühls und der Selbstbestärkung umzuwandeln. Auf der Bonusseite findest du das „Manifesto für Selbstvertrauen", eine kraftvolle Zusammenstellung von inspirierenden Aussagen, um dein Selbstvertrauen zu stärken. Besuche jetzt https://lukastobler.com/bonus und drucke es aus, um jederzeit eine Quelle der Motivation und des Selbstvertrauens zur Hand zu haben.

Ein weiteres Geheimnis von Menschen mit großem Selbstvertrauen ist ihre Fähigkeit, aus ihrer Komfortzone herauszutreten und sich neuen Herausforderungen zu stellen. Sie nehmen Risiken an, auch wenn sie Scheitern oder Ablehnung fürchten könnten. Indem sie sich diesen Herausforderungen stellen, wachsen sie über sich selbst hinaus und gewinnen noch mehr Vertrauen in ihre Fähigkeiten.

Zusammenfassend lässt sich sagen, dass das ultimative Geheimnis von Menschen mit großem Selbstvertrauen darin besteht, die Prinzipien und Gewohnheiten kontinuierlich anzuwenden und sich unermüdlich selbst weiterzuentwickeln. Selbstvertrauen ist kein Zufall oder ein angeborenes Talent, sondern das Ergebnis einer bewussten Entscheidung, an sich selbst zu glauben und kontinuierlich an sich zu arbeiten, selbst in herausfordernden Situationen. Es erfordert Ausdauer, Geduld und den Mut, sich immer wieder neuen Herausforderungen zu stellen.

Wenn du diese Geheimnisse verinnerlichst und in dein Leben integrierst, kannst du dein Selbstvertrauen aufbauen und zu einer selbstbewussten und erfolgreichen weiblichen Führungskraft werden. Also, stürze dich mutig ins Geschehen und entfalte das volle Potenzial deines Selbstvertrauens.

Kapitel 18

# Inspirierende Beispiele von Frauen, die ihre Selbstregulation gemeistert haben

## Von der Selbstregulations-Heldin zur Erfolgsinspiration

Hinweis: Die in den Fallstudien verwendeten Namen und Details sind aus Datenschutzgründen geändert worden. Die Fallstudien dienen rein illustrativen Zwecken.

**Clara, die Meisterin der Gelassenheit:**

Clara ist eine hochrangige Führungskraft in einem hektischen Unternehmen. Sie jongliert mit Deadlines, Meetings und anspruchsvollen Kunden. Doch anstatt sich vom Stress überwältigen zu lassen, beherrscht sie die Kunst der Gelassenheit. Mit einem charmanten Lächeln auf den Lippen und einem tiefen Atemzug in stressigen Situationen bewahrt Clara stets ihre Ruhe. Sie erkannte, dass sie die Kontrolle über ihre Emotionen hat und dass diese Kontrolle ihr hilft, kluge Entscheidungen zu treffen und ihre Mitarbeiter zu motivieren. Heute ist Clara als Vorbild für ihre Kollegen bekannt und hat den Respekt und die Bewunderung des gesamten Teams gewonnen.

**Anna, die Energiequelle:**

Anna ist eine erfolgreiche Geschäftsfrau, die jedoch oft mit Erschöpfung und einem Energieabfall zu kämpfen hatte. Sie erkannte, dass sie ihre Emotionen als Kraftquelle nutzen kann, um ihre Energie aufzuladen. Durch die bewusste Steuerung ihrer Gefühle und den Fokus auf positive Emotionen gelang es Anna, ihre Produktivität zu steigern und ihre Leidenschaft für ihre Arbeit wiederzuentdecken. Sie nimmt sich regelmäßig

Zeit, um ihre Batterien aufzuladen und sich selbst zu pflegen, sei es durch Meditation, Sport oder inspirierende Bücher. Heute sprüht Anna vor Energie und ist eine inspirierende Leaderin, die andere mit ihrer Begeisterung ansteckt.

**Sofia, die Königin der Selbstbeherrschung:**

Sofia ist eine herausragende Führungskraft in einer anspruchsvollen Branche, in der Druck und emotionale Turbulenzen an der Tagesordnung sind. Sie wusste früh, dass ihre Reaktionen auf herausfordernde Situationen einen großen Einfluss auf ihr Team und ihre Karriere haben. Deshalb übte sie die Kunst der Selbstbeherrschung. Selbst wenn die Dinge außer Kontrolle geraten, bewahrt Sofia ihre innere Ruhe und Klarheit. Sie entwickelte Strategien, um ihre Emotionen zu kanalisieren und konstruktiv zu nutzen. Dies hilft ihr nicht nur, kluge Entscheidungen zu treffen, sondern auch als vertrauenswürdige und respektierte Führungspersönlichkeit wahrgenommen zu werden.

**Julia, die Meisterin des Selbstmitgefühls:**

Julia hatte eine steile Karriere als Führungskraft, doch sie spürte oft den Druck, perfekt sein zu müssen. Sie erkannte, dass Selbstmitgefühl der Schlüssel zu ihrer Selbstregulation war. Julia erlaubte sich, Fehler zu machen und aus ihnen zu lernen, anstatt sich selbst zu verurteilen. Sie entwickelte eine innere Stimme der Freundlichkeit und Akzeptanz, die sie in schwierigen Zeiten stärkte. Julia ermutigte auch ihr Team, das Prinzip des Selbstmitgefühls anzuwenden und schuf so ein unterstützendes und motivierendes Arbeitsumfeld.

Heute ist Julia nicht nur eine erfolgreiche Führungskraft, sondern auch eine Inspiration für andere, wie sie mit sich selbst liebevoll umgehen.

**Maria, die Innovationskönigin:**

Maria ist eine visionäre Unternehmerin, die in einer sich schnell verändernden Branche tätig ist. Sie erkannte, dass sie ihre Emotionen nutzen kann, um kreative Lösungen zu finden und Innovationen voranzutreiben. Anstatt von Unsicherheit oder Angst überwältigt zu werden, begrüßte sie Veränderungen als Chance für Wachstum und Fortschritt. Maria vertraute auf ihre Fähigkeit, neue Ideen zu generieren und Herausforderungen als Sprungbrett für ihren Erfolg zu nutzen. Durch ihre selbstregulierende Denkweise wurde sie zu einer führenden Innovatorin in ihrer Branche.

**Lena, die Kommunikationskönigin:**

Lena ist eine charismatische Führungskraft, die erkannte, dass ihre Emotionen einen starken Einfluss auf ihre zwischenmenschlichen Beziehungen haben. Sie meisterte die Kunst der emotionalen Intelligenz und beherrschte die Feinheiten der nonverbalen Kommunikation. Durch ihr Verständnis der eigenen Emotionen und der Emotionen anderer kann sie effektiv kommunizieren und Menschen inspirieren. Lena schuf eine Atmosphäre des Vertrauens und der Offenheit, in der ihr Team sein volles Potenzial entfalten kann. Ihre ausgeprägte Fähigkeit zur Selbstregulation machen sie zu einer außergewöhnlichen Kommunikatorin.

**Sara, die Stressresistente:**

Sara ist eine ehrgeizige Unternehmerin, die oft mit hohem Stress und anspruchsvollen Deadlines konfrontiert wird. Sie erkannte jedoch, dass sie ihre Reaktionen auf Stress kontrollieren und ihre Selbstregulation stärken konnte. Sara entwickelte Strategien, um mit Stress umzugehen, wie zum Beispiel regelmäßige Pausen, Meditation und körperliche Bewegung. Sie erkannte, dass Selbstfürsorge und der Ausgleich von Arbeit und Privatleben entscheidend sind, um langfristig erfolgreich zu sein. Sara wurde zu einer Stressresistenten, die ihre Aufgaben mit Ruhe und Gelassenheit bewältigt und dadurch ihr volles Potenzial entfalten konnte.

Der rote Faden, der sich durch alle Fallstudien zieht, ist die Fähigkeit, die Selbstregulation zu meistern. In jeder Geschichte wird deutlich, dass die erfolgreichen Frauen in der Lage waren, ihre Emotionen zu erkennen, zu verstehen und zu kontrollieren, um ihre Ziele zu erreichen. Sie haben gelernt, mit Stress, Druck und Herausforderungen umzugehen, ihre Konzentration zu verbessern, Ablenkungen zu minimieren und ihre Energie effektiv einzusetzen.

Darüber hinaus zeigt sich, dass diese Frauen ihre Emotionen als wertvolle Ressource nutzen konnten. Sie haben gelernt, mit starken Emotionen umzugehen und sie in positive Energie umzuwandeln. Sie haben ihre emotionale Intelligenz entwickelt und konnten dadurch konstruktives Feedback geben und annehmen, zwischenmenschliche Beziehungen aufbauen und ihre Mitarbeiter motivieren.

Ein weiterer roter Faden ist die Fähigkeit, sich selbst zu reflektieren und kontinuierlich an sich zu arbeiten. Diese erfolgreichen Frauen haben erkannt, dass Selbstregulation ein lebenslanger Prozess ist und dass sie immer wieder vorhandene und neue Techniken und Strategien lernen und anwenden müssen, um sich weiterzuentwickeln.

Insgesamt lässt sich sagen, dass der rote Faden aller Fallstudien darin besteht, dass die Frauen die Kontrolle über ihre eigenen Emotionen und Handlungen *übernommen* haben. Diese Frauen sind wahre Emotionsmeisterinnen und zeigen uns, dass jede weibliche Führungskraft ihre Selbstregulation meistern kann, um ihr volles Potenzial zu entfalten.

Diese Fallstudien von Clara, Anna, Sofia, Julia, Maria, Lena und Sara sollen dich ermutigen und inspirieren, dass auch du deine Selbstregulation meistern kannst. Sie zeigen, dass es möglich ist, selbst in herausfordernden Situationen gelassen zu bleiben, Energie zu tanken, Selbstbeherrschung zu üben und dich selbst mit Mitgefühl zu behandeln. Nimm ihre Beispiele als Ansporn und gehe den nächsten Schritt auf deinem Weg zum Erfolg.

### Übung 12: Schlüsselerkenntnisse aktiveren - Deinen persönlichen Erfolgsplan gestalten

Herzlichen Glückwunsch! Du hast gerade eine Fülle

an wertvollen Erfolgsgeschichten von inspirierenden Frauen gelesen, die ihre Selbstregulation gemeistert haben. Diese Geschichten sind voller wertvoller Nuggets und Erkenntnisse, die du für dich selbst nutzen kannst, um deine Selbstregulation zu stärken und auf dem Weg zu deinem eigenen Erfolg voranzukommen. Jetzt ist es an der Zeit, diese Erkenntnisse zu aktivieren und deinen persönlichen Erfolgsplan zu gestalten.

Mit der Übung „Schlüsselerkenntnisse aktiveren - Deinen persönlichen Erfolgsplan gestalten", wirst du in der Lage sein, die besten Strategien und Techniken, die du aus den Geschichten gelernt hast, gezielt auf deine Situation anzuwenden und deinen eigenen Weg zu ebnen. Auf der Bonus-Seite findest du ein passendes Arbeitsblatt zu dieser Übung. Besuche den Link: https://lukastober.com/bonus

**Schritt 1: Reflektion und Identifikation**

Nimm dir einen Moment Zeit, um über die gelesenen Erfolgsgeschichten nachzudenken. Welche Aspekte haben dich besonders beeindruckt? Welche Strategien und Techniken haben bei den Frauen funktioniert? Identifiziere eine bis maximal drei Schlüsselerkenntnisse und Hebel, die du für dich selbst als besonders relevant empfindest.

**Schritt 2: Priorisierung und Auswahl**

Aus den identifizierten Schlüsselerkenntnissen wähle diejenigen aus, die am besten zu deiner aktuellen Situation und deinen Zielen passen. Priorisiere diejenigen, von denen du glaubst, dass sie den größten Einfluss auf deine Selbstregulation und deinen Erfolg haben werden.

### Schritt 3: Anpassung und Anwendung

Nimm dir Zeit, um die ausgewählten Schlüsselerkenntnisse auf deine persönliche Situation anzupassen. Überlege, wie du sie in deinem beruflichen und privaten Leben anwenden kannst. Denke darüber nach, welche Schritte du unternehmen musst, um diese Erkenntnisse in die Praxis umzusetzen. Passe sie an deine individuellen Ziele, Herausforderungen und Ressourcen an.

### Schritt 4: Aktionsplan erstellen

Erstelle einen konkreten Aktionsplan, der beschreibt, wie du die ausgewählten Schlüsselerkenntnisse umsetzen wirst. Definiere klare Ziele und Meilensteine, um deinen Fortschritt zu messen. Überlege auch, welche Unterstützung du benötigst und wer dir dabei helfen kann, deine Ziele zu erreichen.

### Schritt 5: Umsetzung und Evaluation

Setze deinen Aktionsplan in die Tat um und beobachte den Fortschritt. Überprüfe regelmäßig, ob du auf dem richtigen Weg bist und ob Anpassungen erforderlich sind. Sei geduldig und behalte dein langfristiges Ziel im Blick. Indem du die Nuggets aus den Erfolgsgeschichten aktivierst und in deinem persönlichen Erfolgsplan integrierst, legst du den Grundstein für deine eigene Erfolgsgeschichte. Vertraue auf deine Fähigkeiten und sei bereit, die erforderlichen Schritte zu unternehmen, um deine Selbstregulation zu meistern und deine Ziele zu erreichen. Du bist auf dem richtigen Weg, also geh hinaus und erreiche Großes!

Kapitel 19

# Dein Weg zur ultimativen Emotionsmeisterin

## Die wichtigsten Erkenntnisse und Übungen für deine Emotionsmeisterin-Reise

Du bist auf dem Weg, eine wahre Emotionsmeisterin zu werden. Im zweiten Teil haben wir uns auf eine faszinierende Reise zur Beherrschung der Selbstregulation mit praktischen Übungen, inspirierenden Geschichten und Expertentipps begeben. Lass uns einen Blick zurückwerfen und die wichtigsten Erkenntnisse festhalten:

- Emotionale Intelligenz ist der Schlüssel: Indem du deine Emotionen erkennst, verstehst und akzeptierst, legst du den Grundstein für eine starke Selbstregulation.

- Die Emotionsachterbahn: Starken Emotionen zu begegnen ist eine Herausforderung, aber du hast gelernt, wie du sie in positive Energie umwandeln kannst. Du bist bereit, jede Achterbahnfahrt zu meistern!

- Die Geheimnisse erfolgreicher Führungskräfte: Du hast Einblicke in die Emotionsregulation von erfolgreichen Frauen erhalten. Nutze ihre Erfahrungen als Inspiration und Leitfaden für deine eigene Reise.

- Der Power-Reset: Stressige Situationen sind unvermeidlich, aber du beherrschst die Kunst, dich schnell zu beruhigen und fokussiert zu bleiben. Ein Power-Reset kann Wunder bewirken.

- Der Konzentrationstrick: Ablenkungen sind deine größten Feinde, aber du kennst nun den Trick, sie zu minimieren und deine Produktivität auf ein neues Level zu heben.

- Kommunikation ist der Schlüssel: Durch emotionale Klarheit in der Kommunikation und konstruktives Feedback baust du starke zwischenmenschliche Beziehungen auf und förderst eine positive Unternehmenskultur.

- Rationale Entscheidungen treffen: Du hast gelernt, Emotionen von deinen Entscheidungen zu trennen und strategisches Denken einzusetzen, um langfristige Ziele zu erreichen. Dabei unterstützt dich die Magie der Illusion.

- Selbstregulation im beruflichen Alltag: Meetings und schwierige Gespräche können dich nicht aus der Bahn werfen. Mit Ruhe und Souveränität meisterst du jede Herausforderung.

- Praktische Übungen für den Alltag: Die „Zeit-Tornado" Methode hilft dir, deine Zeit effizienter zu nutzen und Prioritäten zu setzen. Du bist bereit, den Alltag mit Leichtigkeit zu meistern.

- Unerschütterliches Selbstvertrauen: Du hast erkannt, dass Selbstvertrauen der Schlüssel zum Erfolg ist. Mit jeder Herausforderung, der du begegnest, wächst dein Selbstvertrauen. Du weißt, dass du fähig bist, Hindernisse zu überwinden und deine

Ziele zu erreichen. Deine Selbstsicherheit strahlt nach außen und beeinflusst positiv dein Team und deine Umgebung. Du bist bereit, dich selbstbewusst in jedem Bereich deines beruflichen Lebens zu präsentieren und neue Höhen zu erreichen.

Du hast jetzt das Wissen, die Werkzeuge und die Entschlossenheit, deine Selbstregulation zu meistern und dich als weibliche Führungskraft auf dem Gipfel des Erfolgs zu positionieren. Sei stolz auf dich und vertraue auf dein Potenzial. Die Reise mag herausfordernd sein, aber du bist bereit, den nächsten Schritt zu gehen und das Beste aus dir herauszuholen. Sei eine Emotionsmeisterin und zeige, was in dir steckt. Auf geht's zu neuen Höhen!

**Nutze dein erlerntes Wissen und werde zur besten Version deiner selbst**

Du hast es geschafft! Du hast an den Übungen teilgenommen, dich von den Geschichten inspirieren lassen und wertvolle Expertentipps erhalten. Du hast den Mut gehabt, dich selbst zu reflektieren und deine Selbstregulation auf ein neues Level zu bringen. Bravo!

Jetzt ist es an der Zeit, das Gelernte in die Tat umzusetzen und zur besten Version deiner selbst zu werden. Du hast gelernt, deine Emotionen zu erkennen und zu verstehen. Du weißt, wie du mit starken Emotionen umgehen und sie in positive Energie umwandeln kannst. Du hast deine Stressbewältigungsfähigkeiten gestärkt und gelernt, dich in stressigen Situationen schnell zu beruhigen und fokussiert zu bleiben. Aber das ist noch nicht alles. Du hast auch wertvolle Fähigkeiten erworben, um deine Kommunikation zu verbessern, bessere zwischenmenschliche Beziehungen aufzubauen und kluge Entscheidungen zu treffen. Du hast gelernt, deine Zeit effektiv zu managen und dich auf das Wesentliche zu konzentrieren. Du bist jetzt eine Expertin darin, dich selbst zu regulieren und in schwierigen Situationen Ruhe zu bewahren.

Nun ist es an der Zeit, dieses Wissen und diese Fähigkeiten in deinem beruflichen Alltag anzuwenden. Nutze sie, um dich selbst zu stärken, deine Ziele zu erreichen und eine inspirierende Führungskraft zu sein. Du bist bereit, mit Stress und Druck umzugehen, Konflikte konstruktiv zu lösen und langfristige strategische Entscheidungen zu treffen. Denke daran, dass du nicht alleine bist. Du hast ein starkes Unterstützungsnetzwerk, bestehend aus anderen ambitionierten Frauen wie dir. Teile deine Erfahrungen, lernt voneinander und unterstützt euch gegenseitig auf eurem Weg zum Erfolg. Zusammen seid ihr unschlagbar.

Nun liegt es an dir, liebe Leserin, das erlernte Wissen in die Praxis umzusetzen. Handle mit Selbstvertrauen, mit der Gewissheit, dass du deine Emotionen meistern und deine Selbstregulation zur neuen Superkraft machen kannst. Vertraue auf dich selbst, sei mutig und wage es, den nächsten Schritt zu gehen. Ich wünsche dir von Herzen alles Gute auf deinem Weg zur Emotionsmeisterin. Du hast das Potenzial, Großartiges zu erreichen und ein inspirierendes Vorbild für andere zu sein. Nutze deine Selbstregulation, um gesund, energievoll, inspiriert und erfüllt neue Gipfel zu erklimmen.

## Klarheit gewinnen und den nächsten Level erreichen: Einladung zum Klarheitsgespräch

Du hast soeben das Buch „Die Kraft der Emotionen: Warum Selbstregulation der Schlüssel zum Erfolg für weibliche Führungskräfte ist" gelesen. Als dein Mentor stehe ich an deiner Seite, um sicherzustellen, dass du das Beste aus dir herausholst und auf dem Gipfel des Erfolgs stehst. Deshalb lade ich dich zu einem Klarheitsgespräch ein. Und das Beste daran? Die Investition für diesen wichtigen Austausch übernehme ich.

In unserem Gespräch geht es darum, Klarheit zu schaffen. Wir werden herausfinden, wo du dich wirklich befindest, denn manchmal kann unser persönliches Paradigma, eine Ansammlung unbewusster Überzeugungen und Gewohnheiten, den tatsächlichen Standort vernebeln. Oft verstärken Bedenken zusätzlich die Klarsicht. Lass uns die häufigsten aufdecken:

**Bedenken:** „Was ist, wenn ich keine Zeit habe?" Hör mal, ich verstehe, dass du einen vollen Terminkalender hast und dein Tag manchmal wie ein Wirbelwind ist. Aber genau deshalb ist dieses Klarheitsgespräch so wichtig. Es ist eine Gelegenheit für dich, dir Zeit für dich selbst zu nehmen und herauszufinden, wie du deine Zeit effektiver nutzen kannst. Lass uns gemeinsam einen Weg finden, um deine Zeit optimal zu nutzen und Raum für deine persönliche Weiterentwicklung zu schaffen.

**Bedenken:** „Warum brauche ich überhaupt ein Coaching?“ Du bist bereits eine großartige Führungskraft, aber ein Coaching kann dich auf ein ganz neues Level bringen. Es geht nicht darum, dass etwas mit dir nicht stimmt, sondern darum, dass du das Beste aus dir herausholen möchtest. Ein Coaching hilft dir, deine Stärken zu stärken, deine Herausforderungen zu überwinden und deine Ziele mit Leichtigkeit zu erreichen. Du hast bereits viel erreicht, aber warum aufhören, wenn du noch mehr erreichen und dabei erfüllt sein kannst?

**Bedenken:** „Was ist, wenn ich mir das nicht leisten kann oder wenn ich Skrupel habe, in mich zu investieren?” Lass mich dir sagen, dass die Investition in dich selbst die beste Investition ist, die du tätigen kannst. Du bist eine hochqualifizierte und talentierte Führungskraft und diese Investition wird sich in vielfacher Hinsicht auszahlen. Denke an die Möglichkeiten, die sich dir eröffnen, wenn du deine Selbstregulation beherrschst und auf dem Höhepunkt deiner Karriere stehst. Und vergiss nicht, ich übernehme die Investition für dieses Klarheitsgespräch. Du hast also nichts zu verlieren und alles zu gewinnen.

**Bedenken:** „Was ist, wenn ich Bedenken habe, jemandem mein Vertrauen zu schenken?“ Vertrauen ist eine wichtige Komponente in jeder Beziehung und ich verstehe, dass du möglicherweise Vorbehalte hast, wenn es darum geht, dich jemandem zu öffnen und persönliche Dinge zu teilen. Lass mich dir versichern, dass unser Klarheitsgespräch eine vertrauensvolle und geschützte Umgebung ist. Alles, was du mit mir teilst, bleibt vertraulich und mein einziges Ziel ist es, dich bestmöglich zu unterstützen. Ich werde dein Vertrauen respektieren und dich auf diesem Weg begleiten, ohne dass du dir Sorgen machen musst.

Lass uns diese Bedenken beiseitelegen und gemeinsam an deinem Erfolg arbeiten. Bereit durchzustarten? Denke daran, dass jede Ausrede nur eine faule Entschuldigung ist, die dich daran hindert, das volle Potenzial deiner Selbstregulation zu entfalten. Und wer möchte schon von faulen Ausreden gestoppt werden? Ich versichere dir, dass die Konsequenzen nicht nur negative Auswirkungen auf deine Karriere haben können, sondern auch auf dein persönliches Wohlbefinden und deine Erfüllung im Leben.

Also lass uns zusammenarbeiten, um diese Ausreden aus dem Weg zu räumen und den Weg zu deinem Erfolg freizumachen. Ich stehe bereit, um dich zu unterstützen und dir zu zeigen, wie du dein volles Potenzial entfalten kannst. Besuche den folgenden Link und lass uns dein Klarheitsgespräch planen. Gemeinsam werden wir dich zur wahren Emotionsmeisterin machen!

https://lukastobler.com/coaching

Kapitel 20

# Die Schatztruhe des Erfolgs: 45 heiße Tipps für weibliche Führungskräfte, die den Unterschied machen

Diese 45 kraftvollen Tipps werden dir helfen, deine Selbstregulation zu meistern und auf dem Weg zum Erfolg zu bleiben. Nutze sie als Werkzeugkasten und finde heraus, welche Strategien am besten zu dir passen. Du hast das Potenzial, eine wahre Emotionsmeisterin zu werden und dein Leben als weibliche Führungskraft in vollen Zügen zu genießen.

1. Priorisiere Selbstfürsorge: Nimm dir bewusst Zeit für dich selbst und kümmere dich um dein körperliches und emotionales Wohlbefinden.

2. Mache regelmäßige Pausen: Plane kurze Auszeiten in deinen Arbeitsalltag ein, um deine Batterien aufzuladen und deine Konzentration aufrechtzuerhalten.

3. Praktiziere bewusstes Atmen: Nutze Atemübungen, um in stressigen Situationen ruhig zu bleiben und deine Emotionen zu regulieren.

4. Pflege gesunde Beziehungen: Umgib dich mit positiven Menschen, die dich unterstützen und inspirieren.

5. Fokussiere dich auf das Wesentliche: Identifiziere deine Prioritäten und richte deine Energie darauf aus.

6. Delegiere Aufgaben: Lerne loszulassen und vertraue anderen, um deine Arbeitslast zu reduzieren.

7. Setze klare Grenzen: Definiere deine persönlichen und beruflichen Grenzen und halte sie konsequent ein.

8. Praktiziere Achtsamkeit: Sei im Hier und Jetzt präsent und achte bewusst auf deine Gedanken, Gefühle und Körperempfindungen.

9. Entwickle eine positive Denkweise: Trainiere deinen Geist, negative Gedanken in positive umzuwandeln und dich auf das Gute zu fokussieren.

10. Nutze Visualisierungstechniken: Stelle dir bildhaft vor, wie du deine Ziele erreichst und deine Selbstregulation stärkst.

11. Baue Routinen ein: Schaffe Struktur in deinem Alltag, um deine Produktivität zu steigern und Stress zu reduzieren.

12. Halte dich an gesunde Gewohnheiten: Sorge für ausreichend Schlaf, regelmäßige Bewegung und eine ausgewogene Ernährung.

13. Praktiziere Dankbarkeit: Fokussiere dich auf die positiven Aspekte deines Lebens und deiner Arbeit, um deine Stimmung zu heben.

14. Nutze Stressbewältigungstechniken: Finde heraus, welche Strategien dir helfen, mit Stress umzugehen, sei es durch Sport, Meditation oder kreative Aktivitäten.

15. Baue Unterstützungssysteme auf: Suche dir Mentoren, Coaches oder Gleichgesinnte, die dich bei deiner persönlichen und beruflichen Entwicklung unterstützen.

16. Lerne aus Fehlern: Sieh Fehler als Lernchancen und reflektiere über sie, um in Zukunft besser zu werden.

17. Praktiziere aktives Zuhören: Sei präsent und aufmerksam, wenn du mit anderen kommunizierst, um Missverständnisse zu vermeiden und bessere Beziehungen aufzubauen.

18. Pflege deine Emotionale Intelligenz: Verstehe deine eigenen Emotionen und die anderer, um in zwischenmenschlichen Beziehungen empathisch und konstruktiv zu agieren.

19. Setze klare Ziele: Definiere inspirierende Ziele, um deine Motivation und Ausrichtung aufrechtzuerhalten.

20. Nutze positive Affirmationen: Verwende positive Selbstbestätigungen, um dein Selbstvertrauen und deine Selbstregulation zu stärken.

21. Sei flexibel und anpassungsfähig: Akzeptiere Veränderungen und finde kreative Lösungen, um Herausforderungen zu meistern.

22. Pflege eine gute Work-Life-Harmonie: Schaffe

eine gesunde Harmonie zwischen Arbeit und persönlichem Leben, um Erschöpfung und Burnout vorzubeugen.

23. Lerne Nein zu sagen: Setze klare Grenzen und sage auch mal „Nein“, um Überlastung zu vermeiden.

24. Pflege dein Netzwerk: Baue Beziehungen zu anderen Führungskräften auf, um von deren Erfahrungen und Perspektiven zu profitieren.

25. Entspanne dich: Experimentiere mit Entspannungsmethoden wie Yoga, Meditation oder progressiver Muskelentspannung, um im Flow zu sein.

26. Praktiziere Selbstreflexion: Nimm dir regelmäßig Zeit, um über deine eigenen Handlungen, Entscheidungen und Emotionen nachzudenken und daraus zu lernen.

27. Verfolge kontinuierliche Weiterbildung: Bleibe neugierig und offen für neue Erkenntnisse und lerne stetig dazu, um deine Führungskompetenzen zu erweitern.

28. Nutze mentale Strategien: Entwickle mentale Techniken wie Visualisierung, positive Selbstgespräche oder Mindfulness, um deine Selbstregulation zu verbessern.

29. Sei authentisch: Stehe zu deinen Werten, sei du

selbst und zeige dich offen und ehrlich gegenüber anderen.

30. Feiere deine Erfolge: Anerkenne deine Fortschritte und belohne dich selbst für deine erzielten Ziele, um deine Motivation und Freude aufrechtzuerhalten.

31. Pflege eine positive Körperhaltung: Eine aufrechte und selbstbewusste Körperhaltung kann nicht nur dein Selbstvertrauen stärken, sondern auch deine Ausstrahlung und Wirkung auf andere verbessern.

32. Entwickle Empathie: Zeige Mitgefühl und Verständnis für die Bedürfnisse und Perspektiven anderer, um bessere Beziehungen aufzubauen und effektive Teamarbeit zu fördern.

33. Praktiziere Selbstmitgefühl: Erlaube dir selbst Fehler zu machen und sei nachsichtig mit dir selbst. Behandle dich selbst mit der gleichen Freundlichkeit und Güte, die du anderen entgegenbringst.

34. Nutze Kreativität als Problemlösungsstrategie: Denke außerhalb der Box und finde innovative Lösungen für Herausforderungen, um dich von der Masse abzuheben.

35. Investiere in dich selbst: Setze Zeit und Ressourcen ein, um in deine persönliche und berufliche Entwicklung zu investieren, sei es durch Weiterbildungen, Coaching oder Mentoring.

36. Baue ein starkes Unterstützungsnetzwerk auf: Umgib dich mit Menschen, die dich unterstützen, ermutigen und inspirieren. Suche nach Role Models und Gleichgesinnten, mit denen du dich austauschen kannst.

37. Sei proaktiv in der Kommunikation: Drücke deine Gedanken und Meinungen klar und respektvoll aus und nimm aktiv an Gesprächen und Diskussionen teil.

38. Nutze Technologie zur Effizienzsteigerung: Entdecke Tools und Apps, die dir helfen, deine Aufgaben effizienter zu erledigen und deine Zeit besser zu managen.

39. Bleibe neugierig und lerne stetig dazu: Sei offen für neue Ideen, Ansätze und Perspektiven. Halte dich über aktuelle Entwicklungen in deinem Bereich auf dem Laufenden.

40. Stärke dein Netzwerk: Nutze Networking-Veranstaltungen, Konferenzen und Online-Plattformen, um wertvolle Kontakte zu knüpfen und von den Erfahrungen anderer außerhalb deiner Branche zu profitieren.

41. Praktiziere Selbstverantwortung: Übernimm Verantwortung für deine Gedanken, Gefühle, Handlungen, Entscheidungen und Ergebnisse und lerne aus den Erfahrungen, egal ob positiv oder negativ.

42. Zeige Wertschätzung: Anerkenne und schätze die Leistungen und Beiträge deines Teams. Kleine Gesten der Wertschätzung können große Auswirkungen haben.

43. Pflege ein unterstützendes Arbeitsumfeld: Schaffe eine Kultur, in der Offenheit, Vertrauen und Zusammenarbeit gefördert werden.

44. Sei mutig und tritt aus deiner Komfortzone: Wachstum und Entwicklung finden außerhalb der Komfortzone statt. Wage es, neue Herausforderungen anzunehmen und Risiken einzugehen.

45. Zeige Resilienz: Lerne, mit Rückschlägen umzugehen und dich schnell von Misserfolgen zu erholen. Stehe wieder auf und lerne aus jeder Situation.

Du hast bereits die 45 Expertentipps durchgeackert und dabei eine Menge wertvolles Wissen gewonnen. Aber hier ist der Deal: Wissen allein macht dich nicht zur Emotions-Championess. Du musst es in die Tat umsetzen und dich in der Praxis beweisen.

Deshalb habe ich dieses Klarheitsgespräch ins Leben gerufen. Hier geht es darum, deine persönlichen Paradigmen zu sprengen und die Hindernisse zu beseitigen, die dich vom ultimativen Emotions-Gamechanger abhalten. Und ja, es wird auch ein bisschen lustig. Denn Humor kann dir helfen, die Herausforderungen und Hindernisse mit Leichtigkeit und einem Lächeln zu überwinden. In unserem Austausch kannst du dich von der Ernsthaftigkeit befreien und spielerisch neue Perspektiven erkunden.

Also komm schon, liebe Leserin, trau dich und hol dir deinen Platz im Klarheitsgespräch, bevor sie weg sind. Wir können gemeinsam deine Welt erobern und dich zur strahlenden Emotions-Championess machen. Bereit? Ready. Set. Go! Melde dich noch heute.

https://lukastobler.com/coaching

# Weitere Publikationen:

**Das und weitaus mehr erwartet dich im Buch:**

- Die wirkliche Ursache der Unzufriedenheit
- Wie es dir gelingt, Zweifel und Ängste zu überwinden
- Wie du Erwartungsdruck in Leichtigkeit verwandelst
- Mit welchen Mitteln du den inneren Saboteur besiegst
- Wie du den Überflieger in dir befreist
- Wie du den Glück-Set-Point erhöst
- Wie du deine Lebensaufgabe findest und lebst
- Sichere Wege zu innerer Stille und Erfüllung

https://lukastobler.com/buecher

# Weitere Publikationen:

**Das ist nicht alles, was du im Buch entdeckst:**

- Warum Veränderungen oft so schwerfallen
- Das Geheimnis der Veränderung
- Was deinem Erfolg im Weg steht
- Wie du den Mut fasst, dich neu auszurichten
- 9 wichtige Erfolgsgewohnheiten, die du kennen solltest
- Welche Tricks dein Unterbewusstsein nutzt, um dich auszubremsen
- Wie du deinen Blindpunkt erkennst
- Wie du deine persönliche Entwicklung gezielt voranbringst

https://lukastobler.com/buecher

# Das könnte dich auch interessieren:

**Onlinekurse:**

Wenn du das Erreichen deiner Ziele nicht dem Zufall überlassen möchtest und bereit bist konkrete Schritte zu unternehmen, dann werden dich diese Onlinekurse beflügeln. Aber glaube nicht mir, sondern überzeuge dich selbst, wenn du dich jetzt informierst:

https://lukastobler.com/kurse

**„Überwinde deine Grenzen“ Mentoring:**

https://lukastobler.com/coaching

**Buche mich als Trainer für dein Team oder Unternehmen:**

https://lukastobler.com/kontakt

**Social Media:**

https://instagram.com/lukastobler/
https://facebook.com/ToblerLukas/

Meine Geschichte beginnt auf der Schweizer Seite des Bodensees, wo ich aufgewachsen bin und mit 11 Jahren mit dem Kanurennsport begann. Mein Hobby entwickelte sich rasch zu meinem Lebensmittelpunkt. Das regelmäßige Training zahlte sich aus und ich gehörte bereits nach wenigen Jahren zu den besten Schweizer Kanufahrern. Im Laufe meiner Karriere war ich unzählige Male Schweizermeister und erreichte im Zweier-Kajak 2001 die Top 10 der Welt-Elite. Nach diesen Erfolgen erlebte ich 2005 einen schweren Tiefpunkt, der mich an meine persönlichen Grenzen brachte. Erst im Nachhinein habe ich verstanden, dass mein Tiefpunkt zugleich ein Wendepunkt, nämlich der Beginn eines bewussteren Lebens jenseits des Sports war. Ich habe nicht nur begonnen, innere Klarheit zu gewinnen und meine Ängste zu überwinden, sondern auch meine Lebensaufgabe und mein Potenzial zu leben.

Nach meinem sehr erfolgreichen Abschluss als Physiotherapeut führte mich mein Weg in eine völlig andere Richtung. Zusammen mit einem bekannten amerikanischen Chiropraktiker, Bewusstseinstrainer und Bestseller-Autor, leitete ich mehrtägige Seminare rund um die Welt und durfte weit über 10.000 Menschen in der Bewusstseinserweiterung unterrichten. Das war der Anfang.

Nach einigen Jahren war mir klar, dass ich meinen eigenen Weg und meine eigene Bühne betreten möchte. Es war der Beginn meiner fortwährenden Reise. Viele fragen mich, warum ich diesen Weg wähle. Meine Antwort ist immer dieselbe: Weil ich an das menschliche Potenzial glaube und Überfliegerinnen liebend gerne beim Entfalten ihrer Großartigkeit auf ihrem Weg begleite. Das Überwinden von Ängsten spielt dabei ebenso eine wichtige Rolle wie das Erlangen von mehr Klarheit, Energie, Selbstvertrauen, Produktivität und Einfluss.

Es ist kein Geheimnis, dass in der heutigen Zeit Wissen und Fähigkeiten nicht länger ausreichen, um ein rundum erfolgreiches und erfülltes Leben zu führen. Auch Millionen befreien uns nicht automatisch von existenziellen Sorgen. Es dreht sich alles um das persönliche

Wachstum: das Vertrauen in sich und das Leben, die erhöhte Achtsamkeit, das souveräne Gefühlsmanagement, die richtige innere Haltung und eine tiefe Sinnhaftigkeit ermöglichen uns, in eine neue Dimension des (Da)Seins zu gelangen. Das wurde mir während meinem Tiefpunkt deutlich vor Augen geführt. Meine Verzweiflung und die Tatsache, dass mir niemand helfen konnte, entfachten ein enormes Verlangen in mir, mich weiterzuentwickeln. Dafür brenne ich noch heute, denn die gezielte Persönlichkeitsentwicklung und Bewusstseinserweiterung hat mich mit einem zweiten Leben beschenkt.

Meistere deine Emotionen!

Lukas
TOBLER

https://lukastobler.com

# Danksagung

In erster Linie fühle ich eine tiefe Dankbarkeit für die göttliche Schöpferkraft, ohne die der Inhalt niemals durch mich zu meinen Leserinnen gefunden hätte. Ein ganz besonderer Dank geht an meine Familie und all meine Leserinnen, Klienten und Klientinnen und alle, die meine Arbeit und Vision unterstützen. Ohne euch wäre all dies nicht möglich. Ich danke euch von ganzem Herzen. Die Liste könnte beliebig fortgeführt werden und sollte ich irgendjemanden vergessen haben, du weißt, dass ich dich schätze.